AF475730

MÉTAL

ANNELÉ PAR COMPRESSION

BREVETS FRANCIS

CHARIOTS, CAISSONS, MATÉRIEL DE GUERRE,
CHALOUPES, GRANDS CANOTS, ETC., POUR LA MARINE IMPÉRIALE,
CHALANDS DE RIVIÈRE ET DE CANAUX,
BALEINIÈRES, EMBARCATIONS POUR LA MARINE MARCHANDE,
BATEAUX SANS QUILLE A FAIBLE TIRANT D'EAU,
BATEAUX D'AMATEURS POUR PROMENADES, RÉGATES, ETC.,

ET SPÉCIALEMENT

BATEAUX DE SAUVETAGE

LÉGÈRETÉ, SOLIDITÉ, DURÉE, ÉCONOMIE.

JUSTIFICATIONS. — RAPPORTS OFFICIELS.

PARIS
IMPRIMERIE DE L. TINTERLIN ET Cᵉ.
RUE NEUVE-DES-BONS-ENFANTS, 3.

1856

MÉTAL

CANNELÉ PAR COMPRESSION

BREVETS FRANCIS

De nos jours, ce ne sont ni les projets, ni les inventions qui manquent; mais beaucoup de découvertes, quand elles se produisent, sont encore à l'état de théorie, et la pratique leur donne souvent un cruel démenti.

Ici, la situation est tout autre. L'objet de cette brochure consiste à expliquer, non par des déclamations, mais par des faits et par des attestations officielles ou émanées des hommes spéciaux, l'utilité d'une découverte qui ajoute aux progrès faits dans l'art militaire.

Tout n'est pas dit quand on a mis une armée en mouvement; il faut simplifier son matériel, le rendre moins gênant, et le mettre à même non-seulement de ne pas être une cause d'embarras, mais au contraire d'être un moyen de concourir au succès des opérations.

C'est le problème que M. Francis a résolu. Il a construit des chariots en métal cannelé, qui portent les munitions, les approvisionnements, les bagages, le service des ambulances, et qui, au besoin, se transforment sans délai en bateaux ou en pontons, favorisant ainsi le passage prompt et facile des cours d'eau que l'on rencontre.

Cette invention a été expérimentée aux États-Unis, où elle est en pleine voie de succès. M. Francis l'a soumise en Angleterre, au gouvernement, qui l'a fait examiner par le colonel d'artillerie, surintendant des constructions militaires, et celui-ci en a recommandé l'adoption. Une réunion, composée d'officiers-généraux ou supérieurs, appartenant à l'artillerie, au génie et à la marine, a émis une opinion également favorable. On lira plus loin ces documents.

En France, la même épreuve a eu lieu, le 2 février dernier, en présence de l'Empereur, et le succès le plus décisif l'a couronnée.

L'Empereur a examiné ce système avec toute l'attention qu'il mérite, et après avoir vu le chariot Francis manœuvrer devant lui, sur la Seine, avec sa charge composée de seize hommes, il a félicité l'inventeur, et a daigné lui faire remettre, deux jours après, un témoignage de sa haute satisfaction.

Ainsi, il ne s'agit pas ici d'un projet chimérique, qui peut tomber devant l'exécution, mais d'une invention certaine, irréfragable, et qui a pour elle l'expérimentation et l'épreuve.

Avant d'arriver à construire ces chariots, qui sont appelés à faire une révolution dans le matériel des armées, M. Francis avait imaginé des bateaux de sauvetage, également en métal cannelé.

Frappé des sinistres nombreux qui, à chaque instant, éclatent aux États-Unis, dans ce pays traversé par des fleuves si larges, où l'esprit aventureux tient si peu compte de la vie des hommes, il chercha longtemps, et avec une patience tout humanitaire, non pas le moyen d'empêcher ces sinistres inhérents à la témérité de ceux qui les font naître, mais du moins la possibilité d'en atténuer la portée, et de placer une chance de salut à côté d'un danger de mort.

A force d'essais, de patience et de travail, il est arrivé au résultat. Ses bateaux sont adoptés officiellement ; une loi oblige les navires à vapeur d'en être pourvus pour la sûreté de leurs passagers ; la guerre, les douanes, la marine militaire, les grandes lignes transatlantiques les emploient ; ils sont préférés pour la pêche de la baleine, par la marine commerciale, et pour les stations de sauvetage qui ont été établies sur les côtes d'Amérique, dans les parages dangereux. Des milliers de naufragés ont été sauvés par ces bateaux, et cet homme qui a commencé seul et sans appui, mais avec l'énergique persistance d'une volonté qui savait où elle allait, a pu fonder une fabrique qui fonctionne aujourd'hui avec succès, et qui donne du travail à deux cents ouvriers.

Ce qui précède suffit sans doute pour mériter la confiance publique, et l'on pourrait terminer en rappelant ici ce qu'un officier-général, qui ne connaît pas M. Francis, lui a écrit après avoir mûrement examiné son système : « *Ce sera l'invention du siècle.* »

Mais il a paru que son utilité serait plus amplement démontrée par les détails qu'on va livrer au public, et qui sont des documents irrécusables. On conteste des assertions souvent intéressées ; on ne réfute pas des faits (1).

CHARIOTS.

BUREAU DU QUARTIER-MAÎTRE GÉNÉRAL DE L'ARMÉE DES ÉTATS-UNIS.

Washington, 30 avril 1855.

« Étant informé de votre intention de vous rendre en Europe pour y introduire l'usage des objets que vous fabriquez en fer galvanisé-cannelé, je désire vous donner par écrit mon opinion, parce que je pense qu'elle sera de quelque utilité.

« Quant aux bateaux métalliques de sauvetage, il suffit de dire que leur réputation est si bien établie, et leur utilité si pleinement reconnue en ce pays par tous ceux qui ont été à même de les éprouver, que rien de ce que je pourrais en dire n'ajouterait à leur réputation ; en conséquence, je bornerai mes remarques au corps de wagon qui a été fait sous la direction du département de la guerre.

(1) Voir, à la fin de cette Brochure, la lettre du colonel Abbott, et le discours du major Eyre devant l'*Association Britannique pour l'avancement des sciences*, insérés dans le *Cosmos* du 29 août 1856.

« Il était d'une grande importance en ce pays d'avoir un corps de wagon qui pût, au besoin, servir de bateau ou de ponton pour traverser les nombreux cours d'eau que l'on rencontre dans l'immense étendue de notre territoire à l'ouest du Mississipi, et qui, tout en suffisant à tous les besoins ordinaires de transport, économiserait de grands frais en dispensant d'avoir des pontons, qui ne peuvent servir qu'à un seul usage. J'éprouve un véritable plaisir de pouvoir affirmer que vous avez complétement réussi, et qu'après des expériences et des épreuves répétées en présence du secrétaire de la guerre, des membres du Sénat et de la Chambre des représentants des Etats-Unis, du quartier-maître général et d'autres officiers de l'armée, votre corps de wagon a été adopté pour notre service, et qu'il est maintenant employé à nos frontières dans le pays indien.

« Le poids de ce corps métallique n'excède pas celui d'une caisse pareille faite en bois, et la facilité avec laquelle il soutient à flot les parties accessoires, telles que roues, etc., etc., outre une charge modérée, en traversant les cours d'eau, donne à ce corps de wagon un caractère d'utilité qui ne peut manquer d'être apprécié, surtout par les militaires.

« Au besoin, la caisse peut être détachée du wagon et employée comme un bateau, et, si on en réunit quatre ou six par un plancher, on en fait un radeau avec lequel on peut, en toute sûreté, transporter d'une rive à l'autre une pièce d'artillerie de campagne du plus fort calibre. On peut aussi s'en servir pour construire un pont militaire.

« D'après les épreuves auxquelles j'ai assisté et que j'ai dirigées, j'ai une entière confiance dans votre invention; je la recommande chaudement comme très-supérieure à tout ce qui a été employé en ce genre dans notre service, et j'espère que vous réussirez à l'introduire dans les autres pays. On la trouvera utile au service public et aux particuliers qui en feront usage. »

M. Joseph Francis. S.-C. Thomas.

New-York.

« C'est avec plaisir que je confirme tout ce que le colonel Thomas dit du wagon qui, après plusieurs sévères épreuves, a été adopté pour notre armée, et je recommande avec satisfaction M. Francis et son invention à l'attention des officiers à l'examen desquels il pourra la présenter. »

« Signé : H.-C. Wayne, major dans l'armée des États-Unis. »

Légation des États-Unis. — Paris, le 11 *juillet* 1855.

« Je certifie que la signature de Henry C. Wayne, apposée à la lettre du colonel Charles Thomas, quartier-maître de l'armée des États-Unis, à laquelle j'annexe cette note, est véritable; que le major Wayne est un officier de mérite de ladite armée, et que pleine foi et confiance doivent être ajoutées à ses affirmations et à ses opinions. Signé. J.-Y. Mason.

« *Hôtel du Rhin*, 16 juillet 1855.

« Mon cher comte,

« Permettez-moi de vous présenter M. Francis, de New-York, dont je vous ai parlé hier, et qui vous racontera lui-même son histoire. M. Francis, comme je vous l'ai expliqué, n'est pas un spéculateur. Il est venu ici, avec ses inventions, par suite de l'invitation du ministre et du consul général de France aux États-Unis. Sous tous les rapports on peut compter sur lui, et vous pouvez accueillir avec confiance tout ce qu'il vous dira.

« Il m'inspire un très-vif intérêt, d'abord parce que c'est un homme de mérite, que je connais depuis longtemps comme jouissant dans son pays d'une bonne position, et qui a la confiance de notre gouvernement dans ses relations d'affaires avec les différents services de l'administration ; et ensuite parce qu'ici il n'a nullement rencontré l'accueil et les facilités qu'on lui avait fait espérer. Si vous pouvez le mettre sur la voie de soumettre ses inventions à l'Empereur et au gouvernement français, vous lui rendrez un service dont je vous serai fort reconnaissant.

« Je suis avec respect, etc.

« Signé : HENRY. C. WAYNE. »

EXTRAIT D'UNE LETTRE ÉCRITE AU MINISTRE DES E. U. A LONDRES, PAR SON COLLÈGUE A PARIS M. MASON, QUI, COMME MEMBRE DU CABINET DE WASHINGTON CHARGÉ DU DÉPARTEMENT DE LA MARINE, AVAIT EU DE NOMBREUSES RELATIONS D'AFFAIRES AVEC M. FRANCIS.

« Je ne saurais vous parler en termes exagérés de son mérite, de son habileté pratique, de sa modestie exempte de toute prétention. Pendant plusieurs années, il a eu d'importantes relations d'affaires avec les départements de la guerre et de la marine des États-Unis, et je parle en connaissance de cause, en ajoutant qu'il n'a jamais manqué de réaliser tout ce qu'on attendait de lui. »

LETTRE ADRESSÉE A UN MINISTRE PLÉNIPOTENTIAIRE PAR L'HONORABLE A. SMITH, SÉNATEUR DES ÉTATS-UNIS.

« Permettez-moi de vous présenter mon ami Joseph Francis, Esq., de New-York, qui réclamera vos bons offices pour l'affaire importante qui fait l'objet de son voyage en Europe. C'est une personne d'une excellente réputation et, sous tous les rapports, un homme d'honneur.

« Depuis plusieurs années, il s'est occupé de la construction de bateaux de sauvetage en métal cannelé. Il en a fourni à tous nos vapeurs transatlantiques, ainsi qu'aux steamers qui, sur les rivières des États-Unis, font le transport des passagers, et qui tous, aux termes de la loi, doivent en être pourvus. Tous les bâtiments de notre marine en ont un ou plusieurs installés à leur bord, et le secrétaire de la Trésorerie ne permet pas que le service de la Douane soit fait par d'autres bateaux que ceux-ci, à cause de l'économie et de l'incontestable sécurité qu'ils présentent.

« Tout récemment, M. Francis a utilisé son invention, en employant avec succès le métal cannelé dans la fabrication de chariots à munitions et à bagages pour le service de l'armée. Le colonel Davis, après en avoir essayé la solidité, en les envoyant avec de fortes charges à travers les Montagnes Rocheuses, vient d'en commander un certain nombre, dont la valeur s'élève à quelques vingt mille dollars; et dorénavant, ce genre de chariots sera le seul en usage dans notre armée. Vous savez quelle rude épreuve ils ont dû subir dans le transport de charges pesantes à nos postes du nord-ouest. Ces chariots sont construits de manière à pouvoir traverser les rivières sans que leur chargement soit mouillé ou avarié en quoi que ce soit; et je suis persuadé que quand vous aurez par vous-même apprécié les services importants qu'on peut en obtenir, vous les trouverez indispensables en temps de guerre.

« Vous savez quelle attention sévère et scrupuleuse et quelle réserve extrême le colonel Davis apporte dans l'examen des inventions nouvelles; et que, parmi les hommes compétents, il est, sans contredit, le plus difficile à tromper : il s'est cependant montré tellement partisan de ces chariots, que les commandes qu'il en a faites ne pourront être exécutées aussi rapidement qu'il le désire.

« Vous trouverez en M. Francis un constructeur modeste et réservé, qui saura apprécier les services que vous lui rendrez en lui facilitant les moyens d'atteindre le but de son voyage. »

LETTRE DE M. VINCENT EYRE F. R. G. S., MAJOR D'ARTILLERIE, CONNU AVEC DISTINCTION DEPUIS LA CAMPAGNE DE L'AFGHANISTAN.

« Novembre 1855.

« Comme vous vous intéressez au succès des wagons-pontons militaires, inventés par notre ami commun, M. Joseph Francis, de New-York, il vous sera sans doute agréable d'apprendre qu'on vient récemment de les essayer, avec les résultats les plus satisfaisants, à Wandsworth, près de Londres, en présence de deux officiers distingués de l'armée du Bengale, le lieutenant-général sir George Pollock, grand'croix de l'ordre du Bain, et le colonel sir Frédérick Abbott, chevalier du même ordre, qui, à cause de leurs hautes connaissances scientifiques, jointes à une longue expérience des opérations de grandes armées en campagne, sont éminemment capables de formuler une opinion décisive sur une invention de cette nature.

« On choisit, pour faire l'expérience, un petit lac artificiel, dont plusieurs endroits offraient une profondeur suffisante pour les manœuvres.

« Le wagon, chargé de lourdes balles d'étoupes, du poids total d'environ un tonneau, fut mis à l'eau; puis, amené vers la partie la plus profonde, il flotta avec une parfaite aisance, sans qu'il fût besoin d'enlever les roues ni aucune portion du train. Le déplacement de l'eau n'excéda pas douze pouces. La caisse fut ensuite détachée des roues, et il devint alors évident qu'on pouvait en faire un excellent ponton susceptible d'être aisément dirigé sur l'eau avec une seule paire de rames, Sir George Pollock fut d'avis que l'invention méritait à tous égards d'être adoptée pour notre service public dans l'Inde, et promit de la recommander très-chaudement à ses collègues du Conseil des Indes. Sir Frédérick Abbott partagea son opinion ; mais il proposa une modification de forme pour répondre aux difficultés des routes dans l'Inde, attendu qu'à cause de la construction actuelle du train, ce wagon ne peut tourner à angle aigu.

« Il faut convenir que ce genre de wagon réunit, à un degré jusqu'ici inconnu, les qualités de solidité, de durée et de légèreté qui le rendent propre à un bon service sur les routes ordinaires, et permettent de l'utiliser comme ponton et pont temporaire, pour le transport et le passage des troupes et du matériel de guerre sur les rivières et les lacs.

« Par suite de mes observations au comte de Ellenborough, Sa Seigneurie a attiré sur ce sujet l'attention de notre ministère de la guerre, et je crois que, sous peu, de nouvelles expériences auront lieu à l'arsenal de Woolwich. D'après ce que j'ai vu moi-même, j'ai tout lieu de croire qu'un succès complet couronnera les efforts de M. Francis, et ce sera toujours pour moi une grande satisfaction d'avoir contribué à faire connaître au gouvernement anglais une si utile invention. »

DÉPARTEMENT DE LA GUERRE.

« 12 décembre 1855.

« J'ai l'honneur de rapporter que, sans perdre de temps, après l'ordre reçu de lord Panmure, j'ai écrit à New-York, et que j'ai reçu, il y a peu de jours, un wagon métallique brevet Francis, qui a été soumis à des expériences, le 30 du mois dernier, en présence du propriétaire du brevet.

« En premier lieu, on l'a lancé dans l'eau avec tout son train y compris le timon, le tout pesant 17 quintaux et 4 livres (864 k. 324.) On y a fait monter 16 hommes, pesant ensemble 25 quintaux (1268 k. 400), ce qui a fait pénétrer le wagon dans l'eau jusqu'à environ un pied de ses bords ; on a essayé de le faire chavirer, tous les hommes se portant ensemble sur un côté, puis, sur l'autre, sans effet et sans parvenir à pousser les bords au-dessous du niveau de l'eau ; la même tentative, faite ensuite par six hommes seulement laissés dans le wagon, n'eut pas d'autre résultat.

« Puis on fit des expériences sur la caisse seule, séparée de son train qui resta submergé ; on essaya, mais sans succès, de la faire chavirer.

« On la chargea de planches avec deux hommes ; poids total 34 quintaux (1724 k., 824) ; mais tous les efforts que l'on fit ne purent encore faire arriver le bord au-dessous du niveau de l'eau.

Quatre de ces caisses liées ensemble formeraient un excellent radeau, capable de soutenir n'importe quelle lourde pièce d'artillerie du service, et si on y laissait les trains attachés, ces wagons pourraient être conduits dans l'eau et en être sortis avec grande facilité. Le poids de la caisse seule est de 5 quintaux (252 k., 680). Avec ses roues, etc., tout complet, le wagon pèse 17 quintaux, 4 livres (864 k., 324), c'est-à-dire, un peu plus que nos anciens wagons flamands.

« Il y a bien des circonstances dans lesquelles des caisses de wagon de cette espèce seraient d'une grande utilité, et, en y faisant quelques modifications indiquées par M. Francis, elles pourraient être démontées et arrimées dans un petit espace, pour être transportées sur des navires.

« Tout dommage qui survient à ce métal cannelé, est facilement réparé. Le train n'offre aucun avantage sur les nôtres, il est construit comme ceux des chariots de roulage américains, mais beaucoup plus lourd.

« L'auge-mangeoire peut être posée sur le timon ; deux de ces auges accouplées forment un petit canot, qui suffit pour porter un homme d'une rive à l'autre afin d'établir la communication, ce qui peut être utile.

« Je suis donc d'avis que l'emploi de cette invention offrirait de grands avantages pour le service de l'armée, et je crois devoir la recommander fortement à l'attention du ministre de la guerre, attendu qu'avec les améliorations qui peuvent s'y faire en diminuant le poids afin de faciliter le transport, il paraît hors de doute que cette matière (le métal), à cause de la forme spéciale des cannelures qui lui donnent une si grande force, serait d'une grande utilité pour des charrettes et des wagons aussi bien que pour des pontons.

« S. Alex. Tulloh, colonel d'artillerie, surintendant, etc. »

M. Francis écrit que ce fut une rude épreuve de la stabilité de son wagon ; des planches furent posées en travers, après que la caisse en fut remplie ; les deux tiers se trouvaient au-dessus du niveau de l'eau.

Plusieurs officiers de l'armée anglaise étaient présents ; l'un d'eux, venant de la Crimée, dit : qu'il était à regretter que l'on n'y eût pas reçu de ces wagons ; qu'à la bataille d'Inkerman il y avait une rivière à traverser, mais on était sans moyen de faire passer l'artillerie.

M. Francis a été invité à se rendre chez le colonel sir Fred. Abbott, chef du corps du génie de l'armée anglaise lors de la campagne de l'Afghanistan, et maintenant l'un des directeurs de la Compagnie des Indes et gouverneur de l'école militaire de cette compagnie en Angleterre. Il y a vu une collection complète de modèles de pontons, y inclus ceux en caoutchouc. Sir Fred. Abbott dit : que tout ce qui avait été essayé jusqu'à ce jour était sans valeur, et qu'à son avis le wagon métallique Francis est, de toutes les inventions faites dans ce but, la seule qui mérite d'être mise en usage.

Sir Fred. Abbott a recommandé à la Compagnie des Indes, d'en faire construire 400, pour les envoyer au plus tôt dans l'Inde.

Dans une réunion de soixante membres de la Compagnie des Indes, convoquée pour discuter la proposition faite par le général Pollock, l'emploi des wagons Francis pour le service militaire, a été voté à l'unanimité : il est question de traiter avec l'inventeur pour l'établissement d'un atelier dans chaque Présidence.

Des informations reçues de Washington d'une personne qui mérite toute confiance, annoncent ce qui suit :

Le général Harney, qui commande l'armée expéditionnaire de l'Ouest, écrit au département de la guerre. « Je suis en faveur des corps de « wagons métalliques Francis, et j'ai pressé instamment le quartier-« maître général de m'en envoyer encore pour mon expédition contre « les Sioux; l'expérience m'ayant prouvé que ce sont les meilleurs « wagons qu'il soit possible d'avoir. »

Le capitaine Van Velt, quartier-maître de l'armée des Etats-Unis, revenant de l'Ouest, dit : « Nous avons fait un voyage de 1500 milles sur « les plus mauvais chemins qui existent, et presque à la fin de notre « route, ayant eu à traverser un fleuve, les wagons métalliques flot-« tèrent d'une rive à l'autre avec leurs charges. »

Le 26 janvier 1856, le département de la guerre ordonna un nouvel achat de cinquante corps de wagons métalliques Francis.

Extrait du *Moniteur*, du 21 février 1856.

« L'empereur, accompagné du ministre de la guerre, d'un aide de camp et d'un officier d'ordonnance, s'est rendu, le 2 février, sur les bords de la Seine, près de l'Ecole-Militaire, pour être témoin des expériences faites en vue de démontrer les qualités d'un chariot militaire, de métal cannelé, que M. Francis, de New-York, avait construit pour le présenter à Sa Majesté.

« M. Francis commença par donner des renseignements sur son mode de construction et sur les procédés employés pour donner une grande force à un métal très-mince et très-léger, et en fournit la preuve en frappant la caisse de toutes ses forces, à coups redoublés et au même point, avec un gros marteau à long manche. Il fit ensuite lancer le chariot, avec tout son train, dans l'eau, où il flotta comme un bateau; les hommes qui y étaient embarqués, au nombre de seize, se portèrent en masse sur les côtés sans pouvoir, malgré tous leurs efforts, faire arriver les bords au niveau de l'eau. Le chariot fut, après cela, dirigé sur le courant de la rivière, afin de montrer qu'une forte charge pourrait, par ce moyen, être transportée d'une rive à l'autre sans qu'il fût besoin d'ôter les roues ; de sorte qu'un train de ces chariots pourrait continuer à suivre sa route sans retard. Ensuite, le train ayant été détaché, on fit manœuvrer la caisse séparément, comme un bateau à rames.

« Ces expériences obtinrent l'approbation de Sa Majesté, qui eut la bonté d'appeler deux fois M. Francis, et de le féliciter sur son succès.

« L'Empereur se fit donner par M. Francis des renseignements détaillés sur ses bateaux métalliques, qui ont acquis une grande célébrité, et dont des modèles étaient sur les lieux. Après un examen circonstancié, qui dura plus d'une heure, Sa Majesté témoigna l'intérêt qu'elle prenait à ces inventions, comme étant une amélioration importante pour le service de l'armée et de la marine.

« En même temps, M. Francis informa Sa Majesté de nouvelles officielles reçues de l'armée des Etats-Unis, rendant compte d'une expédition de 1,500 milles sur de très-mauvaises routes, expédition pendant laquelle ses chariots avaient traversé des rivières, flottant avec leurs charges d'une rive à l'autre, sans qu'aucun cours d'eau eût pu en arrêter la marche. »

« Dernièrement, un grand nombre d'officiers de l'armée et de la marine anglaise, voulant prendre connaissance des inventions de M. Francis, se sont réunis, sous la présidence du colonel Lindsay, membre du Parlement, dans le lieu des séances de l'Institut connu sous le nom de : *United service institution.*

« La séance fut ouverte par le major Eyre (1), officier d'artillerie, qui compte vingt années de service. Après avoir exposé en détail les procédés ingénieux de fabrication inventés et perfectionnés par M. Francis, il rendit compte des expériences faites à Liverpool, en présence du commandant Bevis, de la marine royale, délégué à cet effet par les lords de l'amirauté, et qui, d'après le rapport de cet officier, ont démontré la supériorité incontestable des bateaux métalliques de M. Francis. Ce rapport ayant été approuvé depuis par l'amiral Richards et par les autres membres du Conseil, M. Francis a été informé que, s'il fondait en Angleterre des ateliers de construction, on passerait avec lui des marchés pour en fournir à la marine.

« Le major rendit compte des expériences faites à Woolwich, par ordre des secrétaires d'Etat de la guerre, sous la direction du surintendant des constructions, expériences qui, de même que celles qui avaient eu lieu à Wandsworth, en présence du lieutenant-général sir Georges Pollock et de sir Fred Abbott, ont prouvé qu'il y aurait un grand avantage à se servir de ces chariots métalliques ; le rapport du colonel Tulloh corrobore les renseignements reçus d'Amérique, qui constatent que dans un trajet de 1500 milles vers les Montagnes Rocheuses, un corps d'armée a pu continuer sa route sans retard, malgré la rencontre de rivières profondes, et que les chariots métalliques ont toujours flotté d'une rive à l'autre avec leurs charges. Le passage s'est opéré tant à l'aide de rames que par le halage avec des cordes. Les caisses métalliques détachées de leurs trains et amarrées solidement, pourraient servir à faire un pont au moyen duquel un corps d'armée avec son artillerie et tout son matériel, passerait promptement et facilement d'une

(1) Auteur du récit émouvant des désastres de Caboul, qui excita si vivement l'intérêt du public, il y a quinze ans.

rive sur l'autre; quatre de ces caisses formeraient au besoin des radeaux capables de transporter des pièces d'artillerie, et en employant un nombre suffisant de ces chariots, il n'y aurait plus d'empêchement à redouter pour une armée dont la marche serait traversée par des cours d'eau profonds, circonstance d'où résultent des difficultés estimées des plus graves parmi celles qui se rencontrent en temps de guerre. Le général sir Howard Douglas, dans son ouvrage sur les ponts militaires, troisième édition, page 175, établit que « lorsqu'il s'agit de passer une rivière profonde dans le voisinage d'une armée ennemie, le « succès de l'opération dépend de l'équipage de pont que l'on amène, « ou des ressources que l'on peut trouver aux bords des rivières, ressources si incertaines, qu'un général qui compterait sur elles ne serait « jamais en sûreté et s'exposerait à essuyer une défaite d'autant plus « humiliante, qu'on pourrait la regarder comme méritée. »

« Quant aux équipages de pont, ajoute le major Eyre, ceux que l'on a construits jusqu'ici, ne sont utiles que pour traverser les rivières, et ne sont presque toujours que des surcroîts de dépense et d'embarras; il y aurait un grand avantage à pouvoir s'en passer. On y arrivera en employant pour tous les transports de l'armée, les chariots métalliques flottants qui, malgré leur légèreté, ont assez de force pour résister à l'épreuve des plus lourdes charges et des plus mauvaises routes, offrent dans toutes les circonstances des moyens sûrs de transport et de grandes facilités pour le mouvement des troupes, avantages qui contribuent éminemment à la sûreté et à l'efficacité des opérations militaires. Sous ces deux rapports, qui sont d'une importance capitale, il n'a rien vu de comparable à l'invention de M. Francis, qu'il regarde comme appelée à exercer une grande influence et à amener des changements dans le matériel des armées.

« Le major termine en disant qu'ayant mûrement examiné cette invention, il n'hésite pas à la recommander publiquement, et il ajoute que ses idées sont partagées par des officiers d'un haut mérite, ses anciens chefs, approbation qui doit avoir une autorité décisive par suite de leur expérience et de leur habitude du commandement des grandes armées. »

Les explications données par le major Eyre, excitèrent un si vif intérêt, qu'il fut prié de les reproduire dans une nouvelle séance convoquée pour le 10 mai 1856, et à laquelle assistèrent les généraux sir Charles Pasley et Blanshard, du génie militaire, les amiraux sir Thomas Herbert, sir George Sartorius, et un grand nombre d'officiers supérieurs.

Dans cette seconde séance, le major Eyre fit ressortir d'autres avantages que présentent les inventions de M. Francis: « En cas d'expéditions lointaines, les caisses de ses wagons métalliques, construites en sections, s'emboîtent les unes dans les autres, économisant ainsi l'espace et les frais de transport; elles peuvent être arrimées à fond de cale, comme des bateaux en sections, sans crainte des effets de l'humidité; il faut peu de temps pour les mettre en état complet de service, et s'il s'agit de nouveaux déplacements, on peut les démonter avec la même facilité. » Ces bateaux métalliques que l'on manœuvre si facilement, si rapidement et sans bruit, à cause de leur légèreté, sont d'une force étonnante, constatée par les officiers de la marine américaine, après de longues et de très-rudes épreuves. La commotion du canon ne leur cause aucun dommage. « En résumé, ces inventions admirables offrent selon lui, des chances d'une immense utilité. Le major Eyre ajoute que plus il étudie les questions qui se rattachent à cette invention, plus elles grandissent à ses yeux, et que l'opinion favorable qu'il en a conçue est confirmée chaque jour par celles d'officiers d'une haute distinction dans les deux services de terre et de mer, juges désintéressés et compétents. En Amérique, l'usage qui a été fait des bateaux et des chariots Francis, a déterminé le gouvernement à faire de nouvelles commandes; en Angleterre, les expériences officielles faites publiquement à l'Arsenal Royal, ont eu un succès complet, et celles qui ont eu lieu en France ont réussi de même; si, après tout cela, quelques personnes hésitaient encore et exprimaient des doutes sur la grande valeur pratique des inventions de M. Francis, « on pourrait offrir la plus suffisante des garanties dans l'approbation franche et décisive qu'elles ont obtenues de l'Empereur Napoléon III. La sagacité caractéristique de ce grand homme a reconnu au premier coup d'œil la valeur pratique de ces inventions, et comme son regard d'aigle ne laisse rien échapper de ce qui peut contribuer au bien-être de ses sujets, Sa Majesté a fait écrire à M. Francis qu'elle apprendrait avec plaisir qu'il se décidât à établir un atelier de construction, pour fonder en France une nouvelle industrie, applicable aux services publics de la guerre et de la marine, ainsi qu'à la marine marchande. » Le major Eyre remercie l'assemblée et termine en invitant les personnes qui la composent à donner leur avis sur les questions importantes qu'il leur a soumises.

Sir Fr. Abbott, colonel du génie, pense que les chariots métalliques de M. Francis, pourraient être avantageusement adaptés au service de l'armée anglaise, dans l'Inde. Déjà, lors des expériences faites à Wandsworth, il avait été frappé de leur grande utilité dans les opérations militaires. On peut s'en servir en guise de bateaux et pour établir des ponts, et, comme ils sont d'une construction simple et faciles à manœuvrer, on peut en tirer parti même avec des mains inhabiles; il ne recommanderait pas la conservation de la forme actuelle du wagon américain pour s'en servir en Orient, mais plutôt la réduction de la caisse à des dimensions pareilles à celles des voitures dont se servent les habitants du pays, montées sur deux roues et traînées par une seule paire de bœufs. Le corps du chariot, modifié ainsi, présenterait une sorte d'auge en tôle cannelée de neuf pieds de long à la partie supérieure, de six pieds à la partie inférieure, sur trois pieds six pouces de large, et de deux pieds six pouces à trois pieds de profondeur; deux de ces caisses, accouplées dans le sens de leur longueur, formeraient un bateau. En plaçant ces bateaux côte à côte, de manière à couvrir la largeur d'une rivière, en ayant soin d'en remplir les creux avec des sacs de fourrage et en couvrant le tout avec des broussailles, selon l'usage du pays, on établirait un pont capable de supporter de fortes charges. Il lui était arrivé plus d'une fois dans l'Inde d'avoir à construire des ponts sur des rivières larges et rapides, avec les frêles barques du pays, et il se serait estimé heureux alors, s'il eût eu à sa disposition des chariots d'intendance, dont on pût tirer un parti aussi avantageux.

Il est loin de sa pensée de déprécier les pontons, surtout en présence de sir Charles Pasley, le père des pontonniers : il ne nierait pas leur utilité en Europe, parce que l'Europe fournit des chevaux vigoureux pour les transports, que les rivières ont, en général, un cours assez régulier et qu'elles sont d'une largeur modérée; mais dans l'Inde Britannique il en est autrement. Les opérations militaires ont presque toujours lieu à l'époque des chaleurs, quand, les petits cours d'eau ayant disparu, les obstacles que l'on rencontre sont des rivières, qui, étant alimentées par la fonte des neiges des montagnes, atteignent des largeurs formidables, rarement moins de deux cents à trois cents yards (mètres) et souvent beaucoup plus. Un équipage de pontons organisé à l'européenne, exigerait, pour assurer le passage de pareilles rivières, l'emploi d'un si grand nombre de bœufs, que ce serait augmenter par trop l'encombrement, déjà énorme, d'une armée indienne. Pour éviter de si grands embarras, le général s'abandonne, malgré les chances contraires, à l'espoir de trouver un nombre suffisant de bateaux sur les bords des rivières. Le plus fort équipage de pontons qu'une armée anglaise ait transporté dans l'Inde, a été quatorze radeaux ou vingt-huit canots du système Pasley, et comme cela ne peut répondre qu'à un pont de quatre-vingt-dix yards (mètres), l'insuffisance absolue d'une telle ressource s'est fait sentir dès la première rencontre d'une rivière.

En analysant les éléments divers d'un équipage de pontons européens, on trouve que sur le poids total les canots ou bateaux forment environ un cinquième, les quatre autres cinquièmes se composent de madriers, de planches et de chariots ou fourgons qui sont lourds. Si l'on trouve un expédient qui permette de se débarrasser de ces matériaux de route et des fourgons qui les transportent, il restera peu d'objections à faire à l'égard des bateaux. Sir Fréd. Abbott affirme qu'il a trouvé cet expédient en modifiant, comme il le propose, les caisses métalliques de M. Francis. Les caisses du nouveau modèle atteindraient complétement le but, étant employées comme chariots d'intendance, dont un nombre immense accompagne toujours une armée indienne, qui est tenue de faire le transport de toutes ses provisions, afin de ne pas opprimer les habitants du pays qu'elle traverse.

Le colonel Abbott termine en recommandant l'invention de M. Francis à l'examen approfondi de tous les militaires.

Le général Pasley donne son entière approbation aux bateaux métalliques de M. Francis, mais il doute que dans certaines circonstances ces chariots pussent en toute sécurité être employés pour supporter un pont. Il rend un compte très-détaillé des expériences qu'il a faites des différents genres de pontons, et conclut en disant que le dessus d'un ponton doit être fermé et non découvert comme ces chariots.

A son tour le colonel Portlock, du génie royal, fait observer qu'une discussion sur les qualités comparatives des pontons de sir Charles Pasley et du général Blanshard est en dehors de la question; il ne s'agit pas de décider si les chariots Francis offrent le meilleur système de pontons, mais bien s'ils peuvent servir à cet emploi; pour son compte il en est convaincu. Une armée en marche étant toujours accompagnée d'un grand nombre de chariots, un général devra s'estimer heureux d'avoir à sa disposition une ressource d'une telle importance, et il faudra bien reconnaître que des chariots qui peuvent à volonté servir de bateaux et de pontons, sont bien préférables à ceux qui n'offrent pas les mêmes facilités.

Le colonel Portlock entre ensuite dans les détails de construction des bateaux métalliques; il explique avec soin la nature des difficultés que M. Francis a rencontrées, l'habileté qu'il a mise à les vaincre, et l'heureux résultat de son patient et intelligent labeur.

Il n'est donc pas étonnant, ajoute-t-il, que ces efforts aient été suivis d'un succès complet, et que M. Francis soit parvenu à construire ces bateaux que nous admirons aujourd'hui.

Les mêmes procédés s'appliquent aussi heureusement à la construction des wagons militaires, et nous n'avons à nous occuper, pour le moment, que de leur emploi secondaire comme bateaux ou pontons.

On a objecté que, pour le passage des rivières très-rapides, ils ne présenteraient pas l'avantage des bateaux-pontons impénétrables à l'eau, de sir Charles Pasley, ou des pontons cylindriques fermés, du général Blanshard. Mais il faut faire observer que M. Francis, bien loin de récuser le mérite des pontons des généraux Pasley et Blanshard, dans les cas exceptionnels, ne demande que l'application de ses chariots, comme bateaux ou pontons, dans les circonstances ordinaires.

Chacun sait que des bateaux non pontés sont employés avec succès sur le Rhin et sur d'autres grandes rivières, comme éléments primitifs de la construction de ponts, et quoique je n'aie pas l'intention, ajoute le colonel Portlock, de comparer des pontons ordinaires, ni même les chariots de M. Francis, avec les bateaux dont se composent les ponts du Rhin, il n'en est pas moins vrai qu'un ingénieur habile trouverait facilement à employer ces chariots pour la construction d'un pont, de manière à construire avec eux un pont capable de supporter, avec toute sûreté et toute stabilité, la charge d'un convoi militaire. S'il en est ainsi, peut-on mettre en question la grande importance pour une armée d'avoir, lorsqu'il s'agira de traverser des rivières, un nombre de ces chariots toujours disponibles, et qui, au lieu d'être un encombrement souvent inutile, comme nos pontons actuels, rendent à chaque instant des services importants.

Il faut admettre, dit le colonel Portlock, comme axiome militaire, que dans une armée tout objet doit être utilisé sous toutes les formes possibles, et je dois, à ce titre, insister sur le mérite spécial du chariot de M. Francis, qui, semblable au canot de l'Indien de l'Amérique du Nord peut être renversé, et, au moyen de supports sur l'un de ses côtés, formerait un abri aussi solide que précieux. En Crimée, ces chariots eussent été utiles de plus d'une manière; ajoutons même qu'il est certain que, devant Sébastopol, le fer cannelé eût été facilement employé à la construction de cabanes semblables à celles du chasseur américain ou du zouave français. Il est vraiment curieux de constater combien les moyens les plus simples échappent à l'attention, au moment du plus grand besoin; mais il en est ainsi, car si nos ingénieurs et l'intendance militaire, au lieu de nous construire en bois de lourdes cabanes, difficiles à établir, avaient eu la pensée de substituer le fer au bois, ils eussent pu préparer rapidement un grand nombre de feuilles de fer galvanisé et cannelé, assez légères pour que le transport en fût facile, et cependant assez résistantes pour former par assemblage, et sans bois ni clous, une longue cabane ou tente triangulaire.

En résumé, dit le colonel Portlock, dans l'invention de M. Francis, le génie pratique est porté à un si haut degré, que malgré sa réserve habituelle dans l'introduction de grands changements militaires, le gouvernement anglais suivra l'exemple des États-Unis et de la France, en adoptant pour la marine et l'armée les bateaux et les chariots de M. Francis, lui donnant ainsi la facilité de diriger son esprit inventif vers d'autres sujets.

Sur une interpellation du secrétaire, M. Francis répond que les bancs de ses bateaux se déplacent à volonté, en glissant dans une rainure, et qu'ainsi on peut former des groupes de ces bateaux en les emboîtant les uns dans les autres.

Le président, colonel Lindsay, termine la séance en exprimant l'opinion que le sujet lui paraît d'une haute importance, et qu'il est d'un grand intérêt de provoquer des réunions semblables, dans lesquelles les officiers peuvent se communiquer les fruits de leur expérience réciproque. La paix nous est de nouveau rendue; mais je pense, ajoute-t-il, que la partie scientifique de l'art militaire ne doit pas être négligée comme elle l'a été jusqu'à ce jour. Il est en projet qu'à l'avenir, chaque division de l'armée soit accompagnée d'artillerie, de son intendance spéciale, d'un train d'équipages et de moyens d'approvisionnements. Il serait donc utile d'essayer ces chariots dans nos camps, de nous convaincre par expérience de leurs bonnes qualités, et, dans ce cas, il y aurait grand avantage à les employer également pour le passage des rivières. Je pense donc que leurs qualités portatives et le peu d'espace qu'ils occupent est d'un grand avantage, et que, dans certains cas, ils peuvent servir de cabanes ou d'abris temporaires.

Parmi les officiers de distinction présents à cette séance, on remarquait le lieutenant-général sir George Pollock, G. C. B.; les généraux Pasley, Blanshard, de la Motte, Grant, Leake, Bagnold et sir Adolphus Dalrymple; les honorables colonels Bruce et Gordon, Sandham, Mathews, Fordyce, Twemlow, Blair, Matheson et sir Proby Cautley; les amiraux sir Th. Herbert, sir George Sartorius; les capitaines Carnac, Ingram, Quin et autres.

CHARIOT MILITAIRE EN MÉTAL CANNELÉ, SYSTÈME FRANCIS — FRANCIS' MILITARY FLOATING - METALLIC WAGON

Siège de la Compagnie, N.° 5 rue de la Paix à Paris

LETTRE DE SIR FRED. ABBOTT, C. B., COLONEL DU GÉNIE, AU MAJOR EYRE.

Il est grandement à regretter qu'à l'issue de votre importante et intéressante lecture, aucun officier de marine n'ait abordé la question des beaux bateaux en fer de M. Francis, qui, comme le démontrent les faits rapportés par vous, sont à la fois les plus utiles, les plus sûrs, les plus résistants, les plus durables, et, par conséquent, les plus économiques de tous les bateaux inventés jusqu'ici. Je me rappelle très-bien le jour où, traversant l'Océan sur un vaisseau longtemps battu et presque démantelé par un ouragan terrible, à la hauteur de Madagascar; alors que, toutes les mains attachées aux pompes, nous forcions de voiles pour trouver un refuge dans cette caverne océanique d'Adullam, Port-Louis, île de France ; croyant à chaque instant que nous allions entendre la voix rauque du maître-charpentier nous crier, en même temps qu'il sondait la cale, que l'eau envahissante gagnait de plus en plus du terrain; je me rappelle avec quelle anxiété nous scrutions les flancs de la grossière chaloupe en bois, notre unique ressource; je me rappelle vivement avec quelle étonnante assurance mon vieil ami Chips me disait au milieu du murmure des vagues menaçantes, qu'alors même que nous parviendrions à le jeter à la mer, cet énorme bahut de bois ne surnagerait pas pendant une heure, tant les rayons à pic d'un soleil tropical avaient ouvert ses mille jointures. J'aurais joui pendant les dix jours qui suivirent d'une paix d'esprit beaucoup plus grande, si nous avions été munis d'un des bateaux en fer cannelés de M. Francis.

J'ai beaucoup regretté que mon noble ami et maître, sir Charles Pasley, ait pris la parole sous l'impression qu'on proposait d'appliquer les chars métalliques de M. Francis à la formation d'équipages de pontonniers. Ce serait, en effet, faire rétrograder l'art militaire. Aucun ingénieur des temps actuels ne se hasarderait à échanger contre un bateau découvert le canot ponté de Pasley, ou le cylindre fermé de Blanshard. Mais lorsque sir Charles Pasley nie leur utilité comme éléments provisoires pouvant remplacer momentanément un équipage régulier ; lorsqu'il nie la possibilité absolue de construire un pont avec des bateaux à fond plat, analogues aux chariots de Francis, ainsi que je l'ai proposé ; lorsqu'un officier aussi expérimenté que le colonel Tremenheere, du corps des ingénieurs du Bengale, énonce les mêmes opinions, je ne puis me défendre d'essayer de prouver en quelques mots que je ne vous ai pas égaré en m'engageant avec vous dans une vaine théorie.

Sur les grandes rivières du Punjab, on a coutume de construire les ponts avec les bacs ou bateaux de passage les plus fragiles appelés *Chuppoo*, qui se composent d'un assemblage plat de deux planches reliées entr'elles par des pièces de bois dur ayant la forme d'un triangle tronqué. Leurs côtés sont de simples plat-bords en planches d'un pouce, avec trois ou quatre voliges légères pour les retenir en place. Lorsqu'on en a le loisir et que le pont doit être permanent, on installe sur le fond du bac des tréteaux en bois qui s'élèvent un peu au-dessus des plat-bords ; de courts madriers vont d'un tréteau à l'autre ; on met en travers, sur les madriers, des troncs non dégrossis de bois de jungle, et une couche de terre ou de fumier d'étable complète le plancher du pont. S'il s'agit d'un pont improvisé ou temporaire, on amarre les bateaux comme précédemment, on remplit leurs cavités avec des broussailles qui s'élèvent au-dessus des plat-bords; de la litière d'étable couvre le tout. Sur de semblables ponts, les éléphants, les plus soupçonneux de tous les animaux, s'engagent sans hésitation aucune, traînant derrière eux, attachés à leur harnais, nos lourds canons de siége. Les chameaux, ces pesantes masses, dont l'utilité comme bêtes de somme est grandement mise en question par la difficulté que l'on éprouve à les forcer de franchir les obstacles et les pics dangereux, marchent sur ces ponts avec un très-grand sang-froid.

Comparez maintenant ces constructions primitives avec le pont formé de pontons anglais qu'on jeta sur la Tamise à Runnymede, en 1852, pour les troupes du camp de Chobham. Ce dernier pont était si mobile sur l'eau, si effrayant pour les animaux si peu accoutumés à l'imprévu, que la cavalerie ne pût le franchir qu'avec difficulté et non sans danger. Le premier canon de neuf que l'on essaya de transporter sur un char attelé fut précipité dans le fleuve avec perte des deux chevaux timoniers, les autres purent gagner le rivage à la nage.

Je me tenais debout à la tête du pont, inquiet de l'issue de l'expérience, et je n'hésite pas à affirmer que l'accident avait eu pour cause le défaut de stabilité des pontons, le manque de prise sur les simples planches qui formaient la voie. Les chevaux de l'équipage glissèrent des quatre pieds et ne purent plus obéir aux rênes ; les timoniers furent poussés dans la rivière par le canon qui suivait, et les quatre chevaux de trait traînés en arrière. Le pont dont je parle était formé de pontons cylindriques de Blanshard ; ils sont sans doute très-faciles à manier, mais ce sont les plus instables de tous. Les pontons en forme de chaloupes et les bateaux pontés de Pasley sont de beaucoup supérieurs sous le rapport de la stabilité ; mais sir Charles Pasley, lors de votre lecture, nous apprit lui-même que dans une campagne des Indes, je ne me rappelle plus laquelle, les chevaux étaient si effrayés à la vue d'un pont construit avec ses pontons, qu'un officier, n'ayant pu les amener à s'y engager de sang-froid, fit reculer sa batterie, canon par canon, à cent yards (mètres) en arrière, et lança les chevaux sur le pont au grand galop. C'était, sans aucun doute, un expédient répréhensible, car cet officier compromettait ainsi l'existence du pont, et, avec l'existence du pont, le salut peut-être de l'armée. Il devait plutôt faire dételer ce qui ne lui aurait fait perdre que quelques minutes.

Dans l'ouvrage de sir H. Douglas sur les ponts militaires, troisième édition, page 175, nous trouvons l'anecdote suivante, relative au passage du *Sutlej*, en 1846 : « Le jour suivant, à trois heures du matin, on se remit à l'ouvrage ; à neuf heures et demie, la voie étant entièrement achevée avec des menus branchages de tamarisc, et recouverte de terre sur une partie de sa longueur, on ouvrit le pont au passage des canons et de la cavalerie de la division de sir Harry Smith; la plus grande partie de l'infanterie avait déjà passé dans des bacs. Le commandant en chef arriva à son tour et franchit le pont dans l'après-midi. Dans les intervalles des passages de troupes, l'encombrement, à la tête du pont, de chameaux, de chars, de chevaux, d'hommes à la suite du camp, et même d'éléphants (leur passage sur le pont avait été absolument défendu), dépassait tout ce que peut concevoir l'imagination d'hommes qui n'ont pas vu les embarras inextricables d'une armée dans l'Inde. Il ne fallut rien moins que le fouet menaçant du prevôt de l'armée et l'assistance volontaire que lui prêtèrent les rangs les plus élevés comme les plus bas de l'armée, pour défendre le pont d'un complet anéantissement. Cet encombrement se prolongea sans diminution sensible pendant quatre jours. » Or, si ce pont avait été jeté avec des pontons construits sur les modèles européens, que les chevaux n'auraient pas pu franchir sans frayeur, les bagages et les munitions de notre armée seraient forcément restés en arrière.

En 1838, le major G. Thompson C. B., du corps des ingénieurs du Bengale, le héros de Ghuznee, jeta un pont sur l'Indus, à Bukkur, avec des bateaux à fond plat. On trouvera le récit de ce grand exploit du génie militaire dans le deuxième volume de l'ouvrage intitulé *Professional papers of the royal engineers*, Mémoires professionnels des ingénieurs royaux. En 1843, les ingénieurs jetèrent deux nouveaux ponts avec ces mêmes bateaux plats sur le *Sutlej*, près Ferozepoor, pour le passage des forces réunies de Pollock et de Nott à leur retour de Cabul. Le major A. Cunningham, le capitaine A. Crommelin, et beaucoup d'autres ingénieurs, ont construit de semblables ponts sur plusieurs rivières du Punjab. Le colonel Tremenheere affirme qu'ils ne résisteraient pas au courant d'une rivière un peu rapide. Il ne pourrait en être ainsi, que si ces bateaux étaient mal amarrés. Le système du pays consiste à fixer avec une ancre chaque quatrième ou cinquième bateau; or, cela suffit à empêcher que le pont ne soit rompu par la force du courant. Le fond de la plupart des rivières de l'Inde, lorsqu'il n'est pas de roche, fournit une excellente prise aux ancres ; la grande difficulté consiste à les relever pour ne pas les perdre. Dans le rapport de l'ingénieur en chef du Punjab, le colonel Robert Napier, pour 1854, il est dit du pont jeté sur la Ravee avec des bateaux plats : « Durant l'année présente, remarquable par l'élévation extraordinaire des eaux, le pont s'est maintenu tout le temps, mais il a fallu augmenter de douze le nombre de bateaux jugé ordinairement nécessaire, et le porter à soixante-deux. » Il ajoute dans une note au bas de la page : « Depuis que j'ai écrit ces lignes, la communication à travers le pont a été arrêtée pendant un jour, par suite d'une inondation qui a enveloppé le flanc gauche du pont, mais *les amarres sont restées intactes*. Ceux qui ont vu les rivières de l'Inde débordées sous l'influence des pluies tropicales, comprendront la valeur d'un semblable témoignage. Les objections soulevées par ce brave colonel peuvent, par conséquent, être considérées comme complétement réfutées.

Sir Charles Pasley repousse les bateaux plats, parce qu'ils sont, suivant lui, impossibles à manœuvrer dans les courants. Cette opinion est tout à fait erronée en ce qui concerne les rivières de profondeur modérée comme celles des plaines de l'Inde. Dans les rivières qui ont de dix à quinze pieds d'eau, parsemées de bancs de sable ou de bas-fonds, le bateau à fond plat est le plus facile de tous à diriger, même dans les courants les plus rapides. Sur ces rivières, les bacs de passage sont conduits uniquement à la perche.

Au passage du *Sutlej*, en février 1846, il devint nécessaire de faire traverser les rivières à la division Grey pour couvrir les opérations des pontonniers. Quelques radeaux pontons, du modèle Pasley, furent employés à cet usage. Il fallut, pour faire avancer chaque bateau, portant vingt-cinq hommes d'infanterie, prendre sur notre personnel très-limité sept sapeurs (nous n'avions que deux compagnies de cette arme); comme les radeaux tiraient près de dix-huit pouces d'eau, et que le lit de la rivière était tout semé de bancs de sable, le transport avançait très-péniblement; nous aurions désespéré de le mener à bonne fin, sans l'arrivée de quatre bateaux plats ou *chuppoos* empruntés aux bassins fermés de l'intérieur des terres. Chaque chuppoo, conduit par deux hommes armés de longues perches, portait à chaque voyage une compagnie entière d'infanterie, ou une pièce de campagne avec ses quatre chevaux et ses servants; il ne tirait que quelques pouces d'eau, traversait la rivière en ligne droite sous l'impulsion de la perche, et faisait deux voyages pendant que le radeau-ponton n'en faisait qu'un.« Voyez DOUGLAS, *Military bridges*, troisième édition, p. 157. » *Mémoires professionnels des ingénieurs royaux*, vol. x, p. 182. Le chariot métallique de M. Francis serait tout aussi facile à manœuvrer que les *chuppoos*.

Je citerai un autre passage du Traité des ponts militaires de sir H. Douglas (vol. x, p. 83) pour mettre en évidence la facilité de manœuvre des bateaux plats sur les courants.

« Immédiatement après la victoire remportée par l'armée anglaise sur les Sikhs à Goojerat, le 23 février 1849, le commandant en chef, lord Gough, envoya de grandes forces, sous la conduite du général sir Walter Gilbert, à la poursuite de l'ennemi; et comme les Sikhs, dans leur retraite, avaient brûlé tous les bateaux qui leur avaient servi à traverser le Jhelum, lord Gough expédia au secours du général l'équipage de pontonniers commandé par le lieutenant Crommelin. Avant que cet équipage n'arrivât, le corps d'armée avait traversé la rivière à huit milles au-dessus de la ville de Jhelum, en passant à gué les cinq bras à peu près parallèles, très-près du point où ils se réunissent pour former la rivière principale. Le lieutenant Crommelin reçut l'ordre de jeter le pont à Jhelum, pour faire traverser la rivière à un détachement placé sous les ordres du brigadier Macleod, avec les canons les plus lourds et les provisions de guerre. La rivière à Jhelum est large de plus de quatre cents yards, même dans les temps les plus secs, et on ne pouvait songer à la traverser qu'en se servant des pontons comme radeaux; mais il aurait fallu pour cela un temps beaucoup plus long que celui dont on pouvait disposer. En faisant une reconnaissance le long de la rivière, tout récemment gonflée par les pluies, le lieutenant Crommelin acquit la certitude qu'un seul des gués qui avaient déjà donné passage aux troupes, était infranchissable, et il proposa de jeter le pont sur ce bras du fleuve large de cent yards. Le lieu choisi se trouvait à une petite distance au dessous d'un rapide, la rive presque perpendiculaire, était haute de trois pieds.

« Les pontons en cuivre, construits sur le modèle de sir Charles Pasley, étaient en nombre suffisant pour former quatorze radeaux, qui, assemblés, pouvaient faire la largeur entière du bras du fleuve. Les radeaux furent formés à Jhelum, et remorqués sur la rivière jusqu'au lieu désigné, distant d'environ quatorze milles. La place de débarquement étant prête, on rangea les radeaux le long du rivage. Un bateau à rames que le train de pontonniers avait amené rendit de grands services pour la formation du pont.

« Le premier radeau ayant été bien fixé au point de débarquement, deux autres furent mis à l'eau, amenés sans trop de difficultés à la place qu'ils devaient occuper, et bien assujettis avec des ancres. L'ancre du quatrième radeau ne voulut pas mordre, et ce radeau alla à la dérive en dépit des efforts de cinq sapeurs qui essayaient de le retenir. On fit alors des efforts infructueux pour former le pont en repoussant la portion déjà établie, et ajoutant de nouveaux radeaux entre elle et le rivage. On parvint à en installer un, mais quand on voulut amarrer le cinquième, la force du courant s'opposa à ce qu'on pût le maintenir en place. On fit arriver les radeaux restants en aval du pont; et partie en ramant, partie en halant, on s'efforça de les placer en travers du courant; deux furent de cette manière ajoutés aux quatre déjà amarrés. En faisant les mêmes opérations de l'autre côté du fleuve, on réussit aussi à mettre en place cinq radeaux. Quand la nuit vint, le pont s'élançait donc des deux rives du fleuve, mais avec un large vide au milieu, vide impossible à remplir avec des radeaux restants. On parvint à se procurer un grand bateau à fond plat de la contrée, on le répara, on l'amarra en amont du pont, au moyen de deux corbeilles remplies de pierres, pour servir d'ancres ; puis, en le tirant à l'aide de forts câbles faits avec l'herbe de jungle, on lui fit descendre le fleuve jusqu'à ce qu'il fût venu combler le vide existant entre les deux moitiés du pont où on l'assujettit avec des chaînes : on acheva ensuite rapidement le pont en halant deux nouveaux radeaux qu'on amarra de chaque côté du bateau plat du pays. La portion du plancher située au-dessus du bateau reposait sur des tréteaux installés sur son fond.

« Les pontons furent très-endommagés par cette opération, ils faisaient eau de toutes parts, et cependant tout fait présumer que dans les circonstances que nous venons de décrire, les pontons de Pasley étaient moins difficiles encore à manœuvrer que ne l'auraient été les cylindres de Blanshard. Pendant le passage des lourds chars pleins de munitions, la plate-forme du pont se trouva plus d'une fois submergée ; les chameaux aussi, en passant, faisaient grandement onduler les pontons, et augmentaient les voies d'eau. »

Voici donc, qu'une fois encore, le bateau à fond plat si méprisé vient en aide aux pontons européens pour aider à faire franchir un courant rapide.

En ce qui concerne les équipages de pontonniers pour l'Inde britannique, ce n'est pas à un vieil ingénieur à s'opposer à leur formation, ou à la décourager. Le colonel Tremenheere m'assure qu'il y a bon espoir que le gouvernement en constituera un au sein de la présidence du Bengale, dans des conditions qui le rendront apte à répondre à toutes les exigences du service. Je suis ravi d'apprendre cette nouvelle. Il n'y aura, je le présume, qu'un seul train pour cette présidence ; et ce train sans doute sera cantonné dans une portion centrale, probablement à Roorkhee, quartier général du corps des sapeurs. Supposons qu'il soit là, en effet, faisant l'exercice sur les eaux saintes du Gungajee (du Gange), que sir Proby Cautley a un peu irrévérentieusement détournées, dans un but utile, pour remplir le noble canal qu'il a fait creuser. Supposons qu'il soit là avec ses cent cinquante chariots et les mille bouvillons, et concevons que les forces du Peshawur soient subitement appelées en campagne pour réprimer un soulèvement formidable. Sur la droite du Peshawur est la rivière de Cabul ; sur les derrières se trouve l'Indus ; l'équipage de pontonniers est à une distance de quatre cents milles ou à environ un mois de marche. Plusieurs autres divisions de l'armée de cette grande Présidence occupent des positions semblables : aucune ne peut être considérée comme suffisamment armée, si elle ne possède pas les moyens de traverser les plus grandes rivières ; et si nous nous en tenions rigoureusement au système européen, chaque division devrait avoir son équipage complet, ce qui entraînerait des dépenses que les plus grands admirateurs des pontons n'oseraient certainement pas imposer au gouvernement.

Or, que chaque division de l'armée soit approvisionnée des demi-chariots en fer cannelé de M. Francis, les troupes alors pourront entrer en campagne au premier appel ; aucune rivière ne pourra les arrêter dans leur marche ; elles n'auront pas besoin d'être escortées par des pontonniers instruits et expérimentés ; chaque valet du camp pourra assembler les chariots en radeaux et en ponts ; si on les utilise comme fourgons d'approvisionnement du commissariat, ils n'ajouteront rien aux embarras de l'armée. Aux temps heureux de la paix, ces caisses de wagons ou chariots reposeront dans les cours du commissariat, sans demander aucuns soins, et cependant les chariots seront toujours prêts à servir partout où besoin sera.

Croyez-moi, mon cher Eyre, votre etc.,

ABBOTT.

Addiscombe-House, 23 mai 1855.

(*Traduit par M. l'abbé Moigno, rédacteur du* Cosmos.)

ASSOCIATION BRITANNIQUE

POUR L'AVANCEMENT DES SCIENCES.

Vingt-sixième réunion à Cheltenham, 6 août 1856.

SECTION DES SCIENCES MÉCANIQUES.

SUR L'APPLICATION DES MÉTAUX CANNELÉS A LA CONSTRUCTION DES BATEAUX DE SAUVETAGE ET AUTRES CORPS FLOTTANTS; SYSTÈME FRANCIS.

Par M. le major Vincent EYRE, F. R. S.

« 1° Dans un volume tout récemment publié, et dont un journal qui tient le haut bout de la critique, a dit que c'était un poëme en prose digne de la nation au pied du trône de laquelle les mers, semblables à des monstres apprivoisés, sont liées et enchaînées, M. Ruskin a chanté un hymne en l'honneur du bateau, le décrivant avec un enthousiasme poétique comme l'ouvrage le plus parfait sorti de la main des hommes, beau par la forme de ses courbes, excellent dans ses usages ; car, ajoute emphatiquement l'auteur, *it will keep out water*, il ferme tout accès à l'eau.

2° Cette dernière qualité est, en effet, sans aucun doute, ou plutôt devrait être la principale recommandation du bateau, et si elle était réalisée dans la pratique, elle serait pour le genre humain un immense bienfait. Mais, hélas! combien de fois n'arrive-t-il pas chaque année que la perte de nombreuses vies humaines a pour cause unique la condition défectueuse des chaloupes des navires qui ont fait eau, alors que, dans un accident survenu tout à coup en mer, on a eu recours à elles.

3° Aux jours actuels, où nos populations laborieuses sont sans cesse en mouvement, ou, comme l'établissent les derniers rapports faits au Parlement, notre marine commerçante compte plus de 35,000 navires. trafiquant dans toutes les régions du monde, emportant et ramenant sans cesse des centaines de mille de nos compatriotes, hommes, femmes, enfants, d'une extrémité de la terre à l'autre, la question de la sécurité des bateaux mérite certainement d'être examinée avec le plus grand soin ; et tous doivent désirer ardemment qu'on apporte un remède efficace, si tant est que le remède soit possible, à un mal que tous proclament grave et désolant, à un mal qui, chaque année, chaque mois, presque chaque jour, plonge un nombre considérable de familles dans un deuil et une misère irréparables.

4° Il est dans notre nature à nous, hommes, de fermer les yeux sur tous les maux qui peuvent nous assaillir pour nous élancer vers la poursuite active d'un bien probable. De là vient que sur la masse des passagers à la mer, très-peu, en réalité, se laissent troubler l'esprit par la perspective d'un naufrage, d'un incendie, ou autre désastre imprévu prêt à assaillir le vaisseau qui porte César et sa fortune. Un plus petit nombre encore, lorsqu'ils vont et viennent sur le pont du vaisseau, jettent un regard intéressé ou même curieux sur la chaloupe suspendue au bordage ou rangée sur le tillac avec sa quille en l'air, chaloupe qui, dans le cas où il faudra abandonner le navire, sera l'unique espérance de chacun des individus entassés dans ses flancs. Il leur suffit de savoir qu'il y a des chaloupes à bord, et ils admettent sans garantie aucune, avec une facilité incroyable, que dès qu'il en sera besoin, ces chaloupes feront très-fidèlement leur service.

5° Cependant les annales des désastres survenus en mer prouvent d'une manière lamentable que cette confiance est souvent bien mal placée. En effet, par cela même que les flancs en bois de la chaloupe, longtemps exposés au soleil, ont subi un retrait inévitable, ou par d'autres causes, les chaloupes manquent souvent de la qualité principale dont M. Ruskin les a douées si gratuitement, c'est-à-dire, qu'elles ne ferment nullement l'accès à l'eau, pas plus qu'elles ne résistent aux flammes en cas d'incendie, ou au choc violent des vagues qui les jettent et rejettent contre les flancs du navire. Par l'une ou l'autre de ces causes, il arrive trop souvent, hélas ! que les chaloupes font défaut au moment de la plus grande nécessité, et que, par une conséquence inévévitable, les passagers et l'équipage deviennent les tristes victimes de leur imperfection.

6° Il y avait donc un champ large et important ouvert à l'intervention bienfaisante des sciences mécaniques appelées à pourvoir de moyens de salut suffisants, ceux de nos frères qui, en nombre incommensurable, affrontent la mer sur les navires et dépensent leur activité sur les grandes eaux. On leur demandait à grands cris l'invention d'une chaloupe capable de faire face à tout événement, sur laquelle on pût s'élancer sans hésitation et sans crainte, parce qu'on la sait parfaitement en état de résister aux efforts combinés de l'air, du feu, de la chaleur, de l'eau, de la sécheresse, en un mot, de tous les agents destructeurs. Les amis de la science, si nombreux et si distingués, qui prennent part à cette brillante réunion de Cheltenham, apprendront avec une grande joie que l'humanité et le génie mécanique peuvent se glorifier d'avoir fait enfin cette brillante conquête ; que désormais les passagers et les équipages de nos navires pourront trouver à bord les moyens de sauvetage pour tous, fournis par des chaloupes parfaitement sûres, fortes, résistantes et indestructibles.

7° Le monde est redevable de ce triomphe à M. Joseph Francis, de New-York ; son nom a à peine retenti, et seulement depuis quelques mois, de ce côté de l'Atlantique ; il n'est cependant pas sans avoir acquis dans sa patrie quelque honneur, car M. Francis s'est fait grandement remarquer par un talent mécanique d'ordre élevé uni à cette modestie calme et digne qui, dans tous les pays et dans tous les âges, ont été le caractère distinctif de la véritable supériorité.

8° Pendant trente-cinq ans, il a consacré tous ses soins à la construction des chaloupes, personne, peut-être, dans le monde entier, ne s'est voué avec plus d'ardeur et plus d'intelligence au perfectionnement de cette industrie ; jamais aussi de généreux efforts ne furent couronnés de plus glorieux succès. Durant un quart de siècle, les travaux de M. Francis eurent pour objet les bateaux en bois, et ils n'ont pas été sans quelques résultats excellents. Ce n'est que bien plus tard qu'il entreprit la longue série d'expériences sur l'emploi des métaux qui l'ont conduit à la conception d'abord, à l'exécution complète ensuite, de l'admirable mode de construction que je viens faire connaître aux membres de cette Association.

9° Qu'il me soit permis en commençant, de rappeler que l'inventeur n'est pas arrivé sans des dépenses énormes à perfectionner l'outillage et le travail mécanique nécessaires à la parfaite installation de ses nouveaux appareils. Vous me direz peut-être que cela ne regarde que lui seul; oui, sans doute, mais vous ne nierez pas non plus, qu'alors surtout qu'il s'agit de la conservation de vies humaines, l'inventeur qui s'oublie et se sacrifie lui-même, a des droits plus sacrés à la reconnaissance de ceux que son génie contribua à sauver, et aux hommages des amis de l'humanité.

10° J'appellerai maintenant votre attention sur les divers modèles étalés sous vos yeux. Le premier est un modèle de côtre de guerre, muni à ses deux extrémités, pour surcroît de sûreté, de chambres d'air, ce qui en fait en réalité un bateau de sauvetage, et ce qui m'amène à faire observer qu'il n'y a aucune bonne raison pour ne pas transformer toutes les chaloupes des navires en véritables bateaux de sauvetage. Un acte du Parlement oblige, je crois, tous les navires de transport à avoir à bord au moins un bateau de sauvetage pour la sûreté des passagers (le malheureux équipage n'est compté pour rien) (1) ; mais il est notoire que ce règlement est éludé dans le plus grand nombre des cas, et que le prétendu bateau de sauvetage ne figure dans l'armement que par son nom. Ce fait m'est affirmé par un des employés de l'Association nationale des bateaux de sauvetage; et il faut bien l'accepter, quoiqu'il soit à peine croyable au sein d'un grand peuple commercial comme le peuple anglais ; le *Board of trade* (ministère du commerce) doit évidemment le prendre en considération.

11° En Amérique, c'est tout autre chose, et permettez-moi de vous

(1) Lors des expériences du 2 février, M. Francis exposa que ses bateaux pouvaient être emboîtés les uns dans les autres d'une manière très-compacte, ce qui permettait d'en placer sur chaque navire plus que le nombre ordinaire, sans augmentation d'encombrement : construits en sections, ils pourraient être arrimés à fond de cale, où l'humidité ne peut leur faire subir aucune altération.

Au premier aperçu de ces faits, la pensée de notre Empereur se porta sur les équipages de la marine, et S. M. a voulu que M. Francis lui fît remettre un travail spécial relatif aux embarcations supplémentaires qui, d'après son système, pourraient, sans gêner le service, être ajoutées à celles des frégates, pour servir au sauvetage des matelots.

lire, pour faire contraste, un court extrait de la législation des navires à vapeur :

« SECTION IV. *Et qu'il soit en outre prescrit* que tout navire semblable portant des passagers sera tenu d'avoir au moins deux bons et convenables bateaux munis de rames et toujours en bon état de service. L'un de ces bateaux sera un bateau de sauvetage en métal, à l'épreuve du feu, et sous tous les rapports un bon et solide bateau de mer, capable de porter, intérieurement et extérieurement, cinquante personnes, avec des cordes de sauvetage attachées au plat-bord à des distances convenables ; que tout semblable navire de plus de cinq cents tonneaux et ne dépassant pas huit cents tonneaux de jauge, aura trois bateaux de sauvetage ; que tout semblable navire de plus de huit cents tonneaux et ne dépassant pas quinze cents tonneaux de jauge, aura quatre bateaux de sauvetage ; que tout semblable navire de plus de quinze cents tonneaux aura six bateaux de sauvetage, et tous ces bateaux seront munis de rames et des autres appareils nécessaires. »

12° Et remarquez bien qu'aux États-Unis on ne laisse en aucune manière aux armateurs, comme on le fait chez nous, le triste droit de transformer un bateau de rebut en bateau de sauvetage. Le gouvernement de cette nation a pris soin de définir pour ses sujets ce qu'est à ses yeux le bateau de sauvetage le meilleur et le plus sûr, et il en a prescrit l'usage. Or, son choix, comme vous le voyez, est tombé sur le bateau métallique de M. Francis, qu'il caractérise par ces mots *à l'épreuve du feu*. Le bateau métallique a d'autres qualités encore que j'exposerai tout à l'heure.

13° Le gouvernement américain est si convaincu de la supériorité de ces bateaux comparés à tous les autres, que depuis quelques années il tend à les introduire de plus en plus dans sa marine, les substituant sans exception aux chaloupes en bois dès que celles-ci sont hors de service. Il en a aussi placé un très-grand nombre en station sur les centaines de milles de ses côtes, pour courir au secours des naufragés, et jamais, sur toute la surface de ces immenses contrées, leur bon service n'a fait défaut quand on les a mis à l'œuvre (1).

14° Il est temps maintenant d'indiquer le mode remarquable de construction des appareils de M. Francis. La puissance extraordinaire qu'acquièrent le fer et les métaux cannelés ou plissés n'est ignorée de personne. Voici deux plaques de tôle de fer ; la surface de l'une est plane, la sur-

(1) Le gouvernement des États-Unis a ordonné que les chaloupes et bateaux métalliques de M. Francis seraient seuls mis au service des douanes. C'est une bonne et belle initiative à suivre ; elle se recommande d'autant plus que nos hardis douaniers des côtes étant si souvent appelés à risquer leurs vies pour aller au secours des naufragés, il est juste de leur fournir les embarcations qui offrent la plus grande sûreté et les meilleurs moyens de sauvetage. Les péniches construites par M. Francis, pour la douane des États-Unis, sont de quinze tonneaux, sont pontées et ont une cabine ; elles portent dix hommes, qui croisent pendant dix jours en plein Océan, avec tous les approvisionnements nécessaires.

face de la seconde est sillonnée, de distance en distance, de cannelures ou plis semi-circulaires. Faisons tour à tour reposer les extrémités de chacune sur deux supports, et nous verrons que la première, cédant à son propre poids, fléchira en son milieu ; tandis que la seconde, en outre de son poids, portera, sans fléchir, en son milieu, un poids de 650 livres (325 kilos). Sur les feuilles de tôle ou de cuivre de M. Francis, les cannelures sont obtenues par un procédé aussi efficace que rapide, qui leur donne à la fois et la force ou rigidité, et les formes courbes et gracieuses, que doivent affecter les flancs d'un bateau. Ce procédé consiste à placer les feuilles entre deux énormes matrices en fonte, pressées l'une contre l'autre par l'action irrésistible d'une presse hydraulique, la plus puissante des machines mises à la disposition de l'homme.

15° Des chaloupes, de grandeur réelle ou normale, construites dans ce système, ont été soumises, par les ordres de l'Amirauté, aux épreuves les plus rudes; d'abord, à Liverpool, en janvier dernier, sous la direction du commandant Bévis, de la marine royale (1) ; puis, en juin, dans les bassins de l'arsenal de Woolwich. Dans ces deux occasions, les épreuves ont été telles, que les plus fortes des chaloupes en bois, construites jusqu'ici, n'auraient pas pu les supporter sans être mises immédiatement en pièces. Ainsi, par exemple, montées par un équipage complet, on les a lancées à toute vitesse contre les murailles des docks; on les a jetées et projetées sur le pavé avec une violence excessive ; on les a *chargées, sur leur milieu, de gros blocs de pierre* entassés à une hauteur considérable; puis, attachant des cordages à la proue, à la poupe, aux flancs, on les a traînées impitoyablement; on les a frappées sur les flancs avec de larges marteaux, tombant coup sur coup, sur le même point, avec toute la vitesse que la main d'un homme robuste peut leur communiquer, etc. ; tant d'efforts répétés n'ont pas réussi à endommager, même légèrement, ces vigoureuses chaloupes; après chacun de ces si rudes traitements, elles reparaissaient parfaitement intactes et étanches, inaccessibles à l'eau.

16° Quant aux avaries et aux dangers que peut entraîner le service à la mer, le témoignage unanime de tous les marins qui les ont vues à l'épreuve pendant ces huit dernières années, prouve surabondamment que la chaloupe en métal cannelé possède toutes les qualités désirables sous le triple rapport de l'économie, de la durée et de la sûreté. Elle est à l'épreuve du feu, à l'épreuve de l'eau, à l'épreuve des vers; elle ne peut pas être corrodée, elle ne peut ni se déjeter ni se fendre; et cependant elle est à la fois plus forte, plus légère, plus flottante et moins coûteuse que celles construites en bois où en toute autre matière. Que peut-on désirer de plus dans une chaloupe? M. Ruskin lui-même doit être pleinement satisfait, car c'est bien là le roi des bateaux, quoiqu'il soit en fer ou en cuivre, matériaux qui inspirent à ses goûts trop primitifs

(1) Les mêmes expériences avaient été faites, le 2 novembre 1855, au Havre, devant une commission nommée par M. l'amiral Hamelin, ministre de la marine. Elle s'est déclarée entièrement satisfaite, et a fait un rapport favorable.

une répugnance presque invincible ; il possède mille fois plus que ses rivaux la qualité par excellence *de ne donner aucun accès à l'eau*. Nous obtenons donc par ce procédé un bateau métallique léger et robuste, dont les avantages incomparables seront parfaitement compris par tous les hommes vraiment marins et pratiques ; et nous sommes en droit d'ajouter que si, grâce à l'opération qui lui donne une force extraordinaire, on peut n'employer dans la construction du bateau qu'un poids de métal moitié moindre, sans qu'on ait besoin de recourir à des bâtis ou à des charpentes, le prix de revient sera considérablement diminué. Si un lourd bateau en bois vient à heurter dans l'eau un écueil ou un rocher, le choc, quand il est violent, l'endommage s'il ne le détruit point, tandis qu'un bateau léger rebondit et ne subit, en conséquence, aucune avarie.

17° C'est ce qui a été démontré jusqu'à l'évidence lors de l'expédition américaine chargée d'explorer la mer Morte. La navigation sur le Jourdain se faisait dans des conditions de danger extraordinaires, et les bateaux qui fendaient ses ondes avaient à subir les plus rudes épreuves. Ils étaient violemment poussés contre les rochers, jetés brusquement en bas des cataractes et des rapides, etc., etc. Les chaloupes en bois de l'expédition furent bientôt mises en pièces, les chaloupes en métal cannelé survécurent seules, et arrivèrent enfin à flotter tranquillement sur les eaux pesantes de la mer Morte, en tout aussi bon état que si elles sortaient de la matrice où elles s'étaient moulées. Ce serait vous faire perdre du temps que de vous lire le témoignage écrit du capitaine Lynch ; il confirme pleinement tout ce que je viens de dire.

18° C'est avec un sentiment de satisfaction profonde que je viens vous annoncer que ces bateaux, objets de tant de vœux, ne continueront pas à appartenir à l'Amérique seule. Tous les arrangements sont pris pour l'établissement d'un grand atelier de fabrication à Londres, et très-probablement, je l'espère, à Liverpool et à Glascow.

19° J'éprouve un plaisir non moins grand à vous apprendre que mes faibles efforts dans cette contrée, pour faire valoir ces excellents appareils, ont eu pour effet, au moins indirect, d'appeler sur ce sujet l'attention de Sa Majesté l'empereur Napoléon III, dont l'œil d'aigle ne laisse rien échapper de ce qui peut contribuer au bien-être de ses sujets. En février dernier, il a examiné par lui-même, dans des expériences faites sur la Seine, le mérite de l'invention de M. Francis, et nous pourrions prouver, par un document authentique, qu'il l'a apprécié à sa juste valeur.

20° Je crois avoir dit, au sujet du bateau métallique, tout ce qu'il était nécessaire de dire. Je me hâte de décrire le plus brièvement possible les autres appareils dont les modèles sont sous vos yeux. En voici un dont l'aspect est assez étrange, et qu'on a appelé char de sauvetage. Il est, vous le voyez, en métal. Sa forme rappelle celle d'un bateau, dont il diffère en ce qu'il est fermé en dessus par un toit convexe, muni d'une ouverture par laquelle entrent les passagers ; ses flancs sont ténébreux, mais on y est à l'aise, d'autant plus qu'on emporte avec soi l'espérance. Si le vaisseau vient à échouer, on établit la communication avec le rivage au moyen d'un grappin lancé par l'appareil qu'inventa d'abord le capitaine Manby; le char est alors suspendu par des anneaux et halé par l'équipage de la terre au navire; après qu'il a reçu son fret vivant, il est ramené à terre par la foule assemblée sur le rivage. On recommence ensuite l'opération jusqu'à ce que tous les hommes à bord du navire échoué soient en sûreté. Lors du naufrage de l'*Ayrshire*, sur les côtes de New-Jersey, au sein d'une violente tourmente de neige, tous les passagers, au nombre de 201, hommes, femmes, enfants et petits enfants, purent ainsi franchir de terribles brisants couverts d'écume, et être recueillis sur le rivage saufs et secs. C'est un exemple entre plusieurs, et, pour cette seule invention, le nom de Joseph Francis mérite d'être universellement honoré, d'être compté parmi les noms des grands bienfaiteurs de l'humanité.

21° Un de ces chars a été, tout récemment, apporté de New-York en Angleterre; on en a déjà fait l'essai, et vous me permettrez de vous lire la lettre que je reçois à l'instant du capitaine Wood, secrétaire de l'Institut national et royal de sauvetage :

« J'éprouve une vive satisfaction de pouvoir vous adresser un rapport favorable sur l'essai fait aux régates de Yarmouth, le 22 juillet dernier, du char de sauvetage. Une fusée, portant sa corde, a été lancée sur un bateau de sauvetage, à près de 120 yards (mètres) de la côte; le char, halé le long de la corde, a franchi, en flottant, la distance entre la côte et le bateau. Quatre vigoureux bateliers et moi, nous nous sommes enfermés dans son sein, et nous avons été tirés à terre sans être nullement incommodés; plus tard, nous y avons fait entrer jusqu'à dix jeunes garçons et on les a promenés du rivage au bateau, du bateau au rivage; ils sont restés enfermés pendant trois minutes et demie sans qu'on eût donné accès à l'air frais. La mer était assez calme en ce moment, mais tout le monde comprenait que les avantages du char, sur tous les moyens de transport à ciel ouvert employés jusqu'ici en semblable occasion, auraient été bien plus sensibles encore par une mer houleuse, contre la violence de laquelle les habitants de l'intérieur du char seraient efficacement protégés. Plusieurs des personnes présentes avaient été témoins d'essais tentés avec les appareils ordinairement en usage, des corbeilles, des fauteuils, des bouées, etc., et l'opinion générale était que le char l'emportait sur tous les autres moyens. Il était manœuvré par les gardes-côtes, en présence du capitaine Murray, commandant inspecteur du district de Yarmouth, dont le jugement est conforme au mien sur le mérite très-grand du char, considéré comme moyen d'amener les naufragés du navire échoué au rivage. (Yarmouth, 9 août 1856.) »

22° Il est grandement à désirer que toute la ligne de nos côtes soit pourvue, aussitôt qu'il sera possible, de cet admirable char de sauvetage. En pareille matière, le sommeil d'une nation comme la nôtre ne saurait être excusé. Un simple coup d'œil jeté sur la carte des naufrages survenus en 1855 suffirait, et au delà, pour nous forcer à nous mettre promptement à l'œuvre, alors qu'il s'agit des intérêts si graves de chacun de nous. En nous efforçant nous-même de sauver les autres, nous pourrons trouver un jour que nous avons été les instruments de notre propre salut, ou du salut des êtres qui nous appartiennent de plus près, qui nous sont les plus chers. Mais pour nous amener à prendre de si excellentes mesures, il n'est pas besoin d'arguments personnels.

23° Ayant déjà tant pris de votre temps si précieux, je ne puis que signaler brièvement à votre attention le modèle du wagon ou chariot en métal pour l'armée, et les dessins destinés à mettre en évidence les diverses applications qu'il peut recevoir en campagne, soit comme moyen de transport, soit comme char d'ambulance ou d'approvisionnement sur terre, soit comme radeau flottant sur l'eau, soit enfin, par une combinaison d'ensemble, comme pont temporaire jeté sur une rivière en l'absence de meilleurs éléments. Ce chariot a été deux fois éprouvé, à l'arsenal de Woolwich, par le colonel Tulloh, qui a vivement sollicité de lord Panmure son adoption immédiate et définitive. La question se discute, en ce moment, au sein d'une commission choisie de l'artillerie (1).

24° Je ne suis pas seul à penser que l'introduction dans les services publics de l'Inde de cette nouvelle invention aurait des avantages incalculables. Sir George Pollock, sir Frédéric Abbott, le major général Brooke et autres savants officiers de l'armée des Indes, de grande renommée, ont exprimé la même opinion. Sir G. Pollock, après avoir personnellement constaté la faculté que possède le chariot métallique de flotter sur l'eau, alors même qu'il est en pleine charge, a résumé dans les termes suivants son jugement sur leur mérite : « Si j'avais eu des chariots de M. Francis, lorsque je traversai les cinq rivières du Punjab, j'aurais épargné à mes soldats plusieurs jours de rudes travaux. J'étais arrêté un jour ou deux à chaque rivière, tandis qu'avec ces chariots je les aurais franchies en trois ou quatre heures sans difficulté et sans fatigue pour les troupes. » Le général Brooke, officier d'artillerie éminemment capable et savant, qui commandait l'artillerie à cheval dans la guerre des Sikhs, a formulé de son côté le jugement le plus favorable relativement aux chariots métalliques. Il écrit de Londres en date du 22 juillet : « Après avoir considéré attentivement la question soumise à mon jugement, au point de vue professionnel, en ce qui concerne les chariots métalliques pour des services militaires, il m'a paru qu'il résulterait de grands avantages dans tous les pays de leur emploi comme moyens de transport des munitions du commissariat et

(1) Le *Times* et d'autres journaux de Londres ont publié, depuis, la note suivante :

« Les expériences faites avec les chariots en métal cannelé de M. Francis, soumis la semaine dernière aux plus rudes épreuves, en présence des autorités de l'arsenal de Woolwich, ont été reconnues si satisfaisantes, que la commission a décidé de presser auprès du gouvernement l'adoption d'urgence de ces chariots, pour toutes les applications qu'ils peuvent recevoir.

de l'artillerie, et plus spécialement des parcs de guerre, en remplacement des fourgons grossiers et lourds employés jusqu'ici, qui retardent la marche, et qui ne peuvent absolument rendre d'autre service que celui de voitures. Une semblable ressource, pour franchir les cours d'eau, aurait été pour nous d'une valeur inappréciable dans nos expéditions militaires des Indes, alors surtout qu'il s'agissait de transporter l'artillerie de campagne; sans aucun doute, l'expérience aura bientôt prouvé que les avantages des chariots métalliques seront très-grands sous le double rapport de l'efficacité et de l'économie.

« Je m'attends, si on en fait l'essai convenablement, que le principe sera trouvé applicable aux caissons destinés à accompagner les pièces des batteries de campagne. Nous aurons ainsi à nos ordres les moyens de traverser les fleuves, au lieu d'être sous la dépendance des ressources de la localité, exposés à subir des retards ou même un échec complet comme nous l'avons vu trop souvent. »

25° Comme conclusion, je ne puis mieux faire, il me semble, que de citer un des passages du discours prononcé par le colonel Portlock à l'*United-Service-Institution :* « En fait, dit-il, il y a tant de génie pratique dans les inventions de M. Francis, que je ne puis qu'espérer sincèrement que le gouvernement anglais, quelque prudent qu'il soit quand il s'agit de grandes innovations militaires, suivra l'exemple du gouvernement des États-Unis et de l'Empereur Napoléon III, en adoptant, pour son armée et sa marine, les chariots et les bateaux de M. Francis. » A ce vœu je réponds de tout cœur, *amen!* en ajoutant les chars de sauvetage pour toutes nos côtes. Quoi qu'il en puisse être, il est certain que les gouvernements de France, de Belgique et de Russie ont sérieusement dirigé leur attention sur ce sujet, et qu'ils semblent déterminés à adopter ces inventions sans grand retard pour leurs armées et leurs marines. Il est donc grandement temps que le public anglais se lève et s'agite, afin qu'il ne soit pas dit qu'il est resté en arrière d'un progrès vital. »

Extrait du journal *Of the Society of Arts*, livraison du 22 août 1856; traduit par M. l'abbé Moigno, et imprimé dans le *Cosmos* du 29 août.)

RAPPORT *au sujet des Caisses de Chariots-Pontons métalliques Francis, adressé au bureau du quartier-maître général de l'armée des États-Unis, par Stewart Vanvliet, capitaine dans cette armée, par suite de la demande qu'il en avait reçue de ce bureau.*

Quand le corps d'armée du général Harney partit du fort Leavenworth, je me fis remettre, par l'aide-quartier-maître de ce fort, une demi-douzaine de wagons avec corps ou caisses métalliques, afin d'en faire l'essai et de vérifier s'ils avaient les qualités qui leur étaient attribuées.

On les chargea du même poids que nos wagons ordinaires, de deux mille à deux mille cinq cents livres, et on les soumit au même traitement sous tous les rapports.

A les considérer simplement en ce qui regarde le service du transport des munitions et provisions, je ne trouvai aucune différence entre ces chariots et nos wagons ordinaires, sauf qu'on ne peut en faire et défaire le chargement avec la même facilité, parce que la moitié inférieure du pan de derrière est fixe, ce qui est sans importance.

Il ne survint aucune rencontre qui me mît à même d'essayer les caisses métalliques au passage de rivières, jusqu'à notre arrivée sur les bords du Grand-Sioux, limitrophe du Minesoto et de l'Iowaï. Sur les bords de cette rivière, qui est profonde et a quatre-vingts yards (mètres) de large, je fis enlever une des caisses de son train et passai et repassai la rivière quatre ou cinq fois, ayant toujours avec moi plusieurs soldats. Cette caisse me parut faire très-avantageusement le service d'un bateau. Elle flotte très-légèrement, et peut porter une charge considérable. Ainsi que toutes les autres, elle avait été exposée à de rudes épreuves pendant une marche de douze cents milles à travers des pays montueux et raboteux, et je regarde ces résultats comme très-satisfaisants, après de pareilles épreuves. Il y aura de l'avantage à faire ajouter des saillies ou montants aux bords supérieurs de la caisse, pour placer des rames, ce qui en ferait, en réalité, un bateau à rames; les planches dont on garnira le fond de ces caisses et sur lesquelles reposera la charge, devront être de la longueur précise de l'intérieur de la caisse, pour être rangées suivant leur longueur; elles n'ajouteraient presque rien à la pesanteur de la charge, et auraient une grande importance dans les cas où il y aurait à établir un *pont de pontons*, parce qu'elles serviraient à faire le tablier de ce pont.

En résumé, d'après mon expérience de la caisse métallique, je la regarde comme ayant une grande importance pour une armée en campagne, lorsqu'elle rencontre des rivières sur lesquelles il n'y a pas de ponts et qui ne sont pas guéables. En amarrant ces caisses deux à deux, on pourrait facilement construire un pont solide sur lequel les troupes seraient à même de poursuivre leur marche sans retard et en toute sûreté.

Washington, 14 décembre 1855.

ORDRE DU BUREAU DU QUARTIER-MAITRE-GÉNÉRAL A M. LEFFERTS.

« Je viens de recevoir votre lettre du 21 courant, et je vous informe que le secrétaire de la guerre a autorisé un nouvel achat de cinquante corps de wagons métalliques. Vous êtes invité à en faire terminer une partie, c'est-à-dire vingt-cinq, dans un délai aussi bref que faire se pourra, à leur parfaite exécution. Le reste peut être livré à l'époque la plus rapprochée qui vous conviendra le mieux. »

(Voir pour d'autres pièces relatives aux chariots métalliques, la fin de la Brochure, où l'on trouvera que M. Francis a reçu l'avis officiel de l'adoption de ses chariots métalliques par le gouvernement anglais.)

BATEAUX MÉTALLIQUES CANNELÉS

DE FRANCIS.

Les bateaux forment une partie indispensable de tous les armements maritimes; il en faut un grand nombre pour la marine militaire, pour le service des côtes, pour les navires qui portent de nombreux équipages ou qui sont destinés au transport de passagers; on doit choisir ceux qui ont au plus haut degré les qualités requises, surtout s'ils coûtent moins et s'ils offrent une plus grande sûreté dans les mers difficiles et dans les temps de danger.

La supériorité des bateaux métalliques de Francis est depuis longtemps constatée par les suffrages les plus compétents. Ils ont reçu la meilleure des sanctions, celle de l'expérience, comme le prouvent surabondamment les extraits (traduits en français) du livre publié à New-York, qui ne renferme lui-même qu'une partie des attestations. Ces bateaux sont infiniment plus légers; ils peuvent sans inconvénient rester exposés à la pluie et au soleil; ils sont à l'épreuve des vers; jamais ils ne prennent l'eau; ils résistent à des chocs qui mettraient en pièces des bateaux de bois; ils durent beaucoup plus longtemps et exigent fort peu de réparations; la commotion du canon à bord des navires de guerre ne leur cause aucun dommage; ils sont toujours prêts à être mis à flot, tandis que les bateaux de bois sont d'ordinaire hors d'état de rendre un service immédiat; enfin ils n'ont rien à craindre de l'incendie. Ils ne sauraient non plus sombrer, car ils contiennent plusieurs réservoirs ou chambres d'air. Lors même qu'ils seraient en partie brisés et qu'ils auraient la coque crevée, ils continueraient de flotter et de porter ceux qui s'y tiendraient suspendus.

De là la confiance universelle qu'ils inspirent. Rien d'admirable comme leur tenue en mer; ils bondissent sur la crête des lames. Il arrive souvent qu'avant de s'embarquer, les passagers s'assurent par leurs yeux de l'existence à bord d'un nombre suffisant de bateaux Francis, et si l'on songe au nombre immense de personnes qui leur ont dû déjà leur salut, la précaution paraîtra fort bonne à prendre, et l'on comprendra qu'ils soient universellement en usage aux États-Unis.

Les parois des bateaux de Francis n'ont besoin d'être consolidées par aucune membrure; on peut en emboîter plusieurs les uns dans les autres et économiser ainsi beaucoup d'espace. Ils ont en outre l'avantage de pouvoir se construire par sections, ce qui facilite leur transport par terre et permet d'en déposer un grand nombre à fond de cale, où ils n'ont rien à redouter de l'humidité. Il faut très-peu de temps pour réunir les sections et mettre ces bateaux en état de servir. M. Francis a fourni plusieurs fois au gouvernement des États-Unis des bateaux ainsi construits.

En examinant la construction de ces bateaux, et le parti qui pouvait en être tiré, l'Empereur pensa aux équipages de la marine. S. M., après s'en être expliquée avec M. Francis, a désiré qu'il lui indiquât, dans une note spéciale, comment, en outre des embarcations ordinairement employées sur les bâtiments de l'État, on pourrait, sans gêner le service, placer des canots métalliques de sauvetage destinés aux matelots.

M. Francis a également établi des bateaux du plus faible tirant d'eau pour naviguer dans les bas-fonds et les terrains submergés. Certains de ces bateaux, de vingt-six pieds de long et portant vingt hommes, ne tiraient que quatre pouces d'eau. Ces bateaux, destinés à faire le transport sur les lagunes et terrains submergés de la Floride, ont si bien réussi, que le gouvernement en a demandé à M. Francis vingt autres, *pareils à ceux qu'il avait fournis l'année précédente.* Sur le même principe, il serait facile de construire des embarcations qui serviraient, dans les villes inondées, au sauvetage des personnes et des marchandises. Déjà il en a été demandé à M. Francis.

Les bateaux de Francis ont une allure si aisée qu'on entend à peine le bruit de leurs rames, qualité très-importante dans le service des croisières, lorsqu'il s'agit d'aborder de nuit et à l'improviste un navire.

Page 60. — LE COM. SKINNER.

« Département de la Marine, bureau des Constructions,
Equipement et Réparations, 1er juillet 1848.

« Deux des bateaux qui ont récemment descendu le Jourdain et navigué dans la mer Morte, étaient construits en métal. Un autre bateau en bois a été brisé en descendant les rapides.

« Les officiers chargés de diriger l'entreprise disent que les bateaux métalliques pouvaient seuls résister aux coups violents qu'ils recevaient en franchissant ces vingt-sept cataractes. Le seul dommage éprouvé par le bateau de cuivre provenait du choc contre des rochers, et se bornait à quelques bosselures qui furent aisément réparées à l'aide d'un marteau. Les bateaux métalliques n'ont pas fait une seule goutte d'eau ; les réservoirs d'air placés aux extrémités rendaient leur marche très-légère. Ils dureront longtemps, et quand enfin ils ne pourront plus servir, le métal dont ils sont construits servira à payer une grande partie du prix de nouveaux bateaux.

« Ceux qui ont servi à cette expédition étaient construits par sections pour être transportés à dos de chameaux ; quand on eut à les assembler et ensuite à les démonter, cela se fit très-facilement. »

« Déjà, d'après l'expérience de la marine marchande, on regarde les bateaux métalliques comme supérieurs aux bateaux de bois en toutes circonstances et comme plus économiques. »

Page 61. — LE MÊME, A M. DICKINSON, SÉNATEUR DES ÉTATS-UNIS.

« Washington, 19 juillet 1850

« Les bateaux métalliques offrent le meilleur moyen de secours dans les cas de naufrage ou d'incendie d'un navire ; ils sont à l'épreuve du feu et il ne peut leur arriver comme aux bateaux de bois d'avoir des voies d'eau quand ils ont été exposés au soleil, ni d'être brisés par l'abordage d'un navire ou contre un rocher.

« Si l'infortuné *Griffith*, sur le lac Erié, avait eu deux de ces bateaux, de 30 pieds de long et d'une largeur convenable, on aurait pu sauver un grand nombre, peut-être même la totalité de ses passagers. »

Page. 11. — C. MORRIS : MARINE DES ÉTATS-UNIS.

« Washington, août 1852.

« J'ai depuis longtemps trois bateaux métalliques de sauvetage et je les ai soumis au plus rude traitement.

« Ils sont à l'épreuve de l'incendie et des vers ; ils ne peuvent ni pourrir ni être corrodés ; ils sont toujours en état et prêts pour le service sous tous les climats. Lors même qu'ils sont restés suspendus en portemanteau pendant six mois ou une année, on peut en tout temps les mettre à flot. La commotion du canon ne produit pas d'effet sur eux. Sous tous les rapports, ils sont supérieurs aux bateaux en bois, étant plus légers, plus économiques, et tout à fait impénétrables à l'eau. »

Page. 62. — HENRI EAGLE, COMMANDANT, MARINE DES ÉTATS-UNIS, A M. JOSEPH FRANCIS.

« 74, Union-Place, New-York, sept. 1852.

« J'ai examiné le bateau de cuivre employé à bord du vaisseau des États-Unis *Mississipi*, pendant les trente mois de sa croisière dans la Méditerranée ; il avait souffert si peu de dommage, qu'avec de très-légères réparations, on l'a remis en aussi bon état qu'à sa sortie de votre atelier, ce qui prouve la durée et l'économie de vos bateaux de sauvetage. Ces bateaux ont fait leurs preuves au milieu des brisants et en pleine mer ; ils sont légers et sûrs, ne prennent jamais l'eau et sont toujours prêts pour le service. Entre autres avantages, ils possèdent encore celui d'être à l'épreuve de l'incendie, ce qui me paraît d'une grande importance. La commotion causée par le canon ne leur fait aucun tort.

« Mon opinion est que s'il y avait eu deux de vos bateaux à bord du steamer *Henry Clay*, lors de sa destruction par le feu, on aurait pu sauver presque toutes les personnes qui ont péri. »

Page 62. — CHAS. H. BELL, COMMANDANT, MARINE DES ÉTATS-UNIS, SURINTENDANT ET INSPECTEUR DE LA LIGNE DES STEAMERS DES ÉTATS-UNIS POUR BRÊME ET LE HAVRE.

« New-York, 26 mars 1851.

« J'ai soigneusement examiné et inspecté les bateaux métalliques de

M. Francis, à diverses reprises depuis ces trois dernières années, et je les crois très-durables et supérieurs à tous les autres bateaux. J'ai vu ceux de fer galvanisé recevoir sur leur coque plusieurs coups d'un énorme marteau. Cette épreuve, qui eût suffi pour mettre le plus fort bateau de bois hors de service, ne leur a causé aucun dommage.

« Comme bateaux de sauvetage, ils sont sûrs par toute espèce de temps; ils joignent la légèreté à une grande force et à la durée; ils sont faciles à manœuvrer et ne sont pas sujets à être endommagés par un rude choc contre leur flanc; comme bateaux destinés à naviguer dans les brisants, rien ne peut les surpasser.

« Les chars de sauvetage métalliques, tels qu'on les construit aujourd'hui, sont très-perfectionnés : tout navire portant des passagers devrait en avoir. Ils ne sont pas coûteux ; ils tiennent peu de place, et avec des soins ordinaires ils peuvent durer pendant une génération tout entière sans avoir besoin de réparations. »

Page 64. — LE COMMANDANT Wm D. SALTER, AU CHEF DU BUREAU DE CONSTRUCTION, ETC.

« Arsenal de la marine. New-York, 17 janvier 1851.

« Monsieur, je conseillerais d'accorder au vaisseau stationnaire le *North-Carolina*, un des bateaux de fer de Francis, tels qu'on en fournit aux frégates et aux sloops de guerre.

« Les bateaux de bois de ce navire exigent constamment des réparations, et mon opinion est qu'il y aurait économie à le munir d'un, ou même de deux bateaux de fer galvanisé »

Page 67. — LE COMMANDANT W. SALTER, AU CHEF DU BUREAU DE CONSTRUCTION DE LA MARINE.

« Arsenal de la marine, New-York, 5 septembre 1851.

« Monsieur, conformément à votre ordre du 1er courant, j'ai l'honneur de vous informer que le bateau de fer galvanisé, revenu ici avec le *Dolphin*, avait été attaché à ce brick pendant trente-six mois, principalement employés à croiser dans les Indes-Orientales. Les officiers du *Dolphin* m'ont dit qu'on s'était plus servi de leur bateau de fer que de tous les autres. Lorsqu'il a été mis à terre ici, au retour, on l'a trouvé en si bon état, qu'on s'est borné à le peindre. Il est encore l'un des bateaux de ce navire. Quant au bateau métallique pris ici par la frégate *St-Lawrence*, il y a environ huit mois, j'ai l'honneur de vous informer qu'il nous est revenu en aussi bonne condition que lorsque le *Saint-Lawrence* l'a reçu tout neuf en février dernier. Tous les bateaux métalliques fournis aux différents vaisseaux armés dans cet arsenal depuis que j'en ai le commandement jusqu'à ce jour, ont donné lieu à des rapports favorables. »

Page 68. — LE CAPITAINE LONG, AU CHEF DU BUREAU DE CONSTRUCTION DE LA MARINE.

« Exeter (N.-C.), 5 décembre 1851.

« Monsieur, en réponse à votre lettre du 2 courant, relative aux qualités du bateau de sauvetage métallique, brevet Francis, attaché au *Mississipi* pendant ma dernière croisière de trente mois dans la Méditerranée, j'ai l'honneur d'en référer au rapport général que j'ai fait à ce sujet, à la date du 19 novembre dernier.

« J'ai maintenant le plaisir de déclarer plus spécialement que ces bateaux conviennent admirablement au service de la marine, comme grands canots, chaloupes, canots de service, etc. Ils sont impénétrables à l'eau et toujours en bon état, même après être restés longtemps suspendus en porte-manteau. J'ajoute qu'ils résistent à la commotion du canon.

« Par la construction de leurs toletières, etc., etc., ils sont très-propres au service des croisières, reconnaissances, expéditions nocturnes, etc.; ils sont très-légers, ne fatiguent pas les hommes, et marchent vite et sans bruit.

« La dépense des réparations a été insignifiante pour le bateau de cuivre, car il n'en a fallu qu'au plat-bord et aux œuvres de bois. Le bateau de bois, au contraire, a constamment occupé les charpentiers. Le bateau de cuivre conservait l'éclat de sa peinture; il faisait honneur au vaisseau par son air de propreté, et tous ceux qui l'ont vu l'ont admiré. Ces bateaux ont été employés alternativement au même service, car nous n'en n'avions pas d'autres. »

Page 81.—EXTRAITS D'UN RAPPORT FAIT PAR LE LIEUTENANT W.-F. LYNCH. SUR L'EXPLORATION DE LA MER MORTE,

A L'HONORABLE J.-Y. MASON, SECRÉTAIRE DE LA MARINE DES ÉTATS-UNIS. WASHINGTON. D. C.

« A bord de la gabare *Supply,* marine des États-Unis, novembre 1848.

« J'ai l'honneur de vous informer que, d'après votre ordre du 30 septembre 1847, j'ai pris le commandement de ce navire le 2 octobre suivant.

« Par votre ordre spécial, j'avais obtenu deux bateaux métalliques de sauvetage de Fraucis (*ces bateaux étaient construits par sections pour faciliter leur transport par terre*).

« Le 8 mars, nous lançâmes les bateaux sur les eaux tranquilles du lac de Tibériade.

« Dans un but d'économie pour le transport des provisions, j'achetai un bateau de bois, le seul qu'on pût trouver sur le lac.

« Mardi, 11 avril. Nous partîmes à 8 heures 40 minutes du matin. Le courant, d'abord de deux nœuds à l'heure, s'accrut, à mesure que nous avancions, jusqu'à un endroit où la rivière (le Jourdain), sur une distance de plus de trois cents yards, devint une cataracte écumante. Un grand nombre de pêcheries et les ruines d'un ancien pont obstruaient le passage. Après cinq heures de rude travail, nous parvînmes à faire franchir ces obstacles aux bateaux métalliques sans aucun dommage; mais le bateau de bois fut si rudement ébranlé et si disloqué, qu'il ne tarda pas à sombrer et qu'il fallut l'abandonner. *Si nos autres bateaux eussent été de bois, ils auraient partagé le même sort.* Un choc, qui ne fait qu'une contusion au bateau métallique, mettrait en pièces un bateau de bois.

« Le 13, à 10 heures 40 minutes, en descendant une dangereuse et bruyante cataracte, pleine de récifs à fleur d'eau, notre premier bateau heurta contre un rocher, chavira et embarqua une grande quantité d'eau; mais tout l'équipage ayant sauté par dessus bord, sa force jointe à sa légèreté le firent sortir intact de ce péril. Nous nous étions attendus pendant quelques minutes à le voir brisé.

« — La rapidité du courant de la rivière variait aujourd'hui de cinq à six nœuds. Nous avons eu à descendre douze rapides, dont trois étaient formidables.

« — Vendredi, 14 avril. Les bateaux, n'avaient pas besoin du secours des avirons pour avancer ; le courant seul les entraînait à raison de quatre nœuds à l'heure. La largeur de la rivière variait de soixante-dix yards (mètres) avec un courant de deux nœuds, à trente yards avec un courant de six nœuds. Nous avons touché trois fois sur des rochers presque à fleur d'eau.

« —Mercredi, 19 avril. Nous avons pris aujourd'hui des arrangements pour avoir les chameaux qui doivent transporter nos bateaux *par sections* à Jaffa, par la voie de Jérusalem.

« Je suis heureux de pouvoir déclarer que les bateaux métalliques sont presque dans la même condition que lorsque nous les avons reçus. »

Page 83. — LE CAPITAINE W.-F. LYNCH A JOSEPH FRANCIS.

« 19 Mars 1849.

« Si je puis vous servir en faisant connaître les excellentes qualités de vos bateaux de sauvetage métalliques, je sens qu'il est de mon devoir de le faire, car avec toute autre espèce de bateaux, si fortement construits qu'ils eussent été, la descente du Jourdain n'aurait pu s'accomplir; sans eux l'expédition était manquée . »

EXTRAIT D'UNE LETTRE DE JOSEPH C. THOMAS.

« 19 Mars 1849.

« Étant une des personnes attachées à l'Expédition de la mer Morte, sous le lieutenant Lynch, je puis dire que, sans les bateaux de sauvetage métalliques, la descente du Jourdain eût été impossible. Aucun autre bateau n'aurait pu franchir des rochers et des rapides si dangereux. Nous devons la vie à ces bateaux ; car, s'ils nous eussent fait défaut, comme notre bateau de bois, nous aurions été jetés sur le rivage et massacrés par les Arabes hostiles. C'en était fait de l'expédition. »

Page 93. — LE CAPITAINE TH. BROWNELL, DE LA MARINE DES ÉTATS-UNIS, A M. JOSEPH FRANCIS.

« Newport, R. I., 19 février 1853.

« C'est avec plaisir que je vous rends compte de mon expérience en ce qui regarde le yacht métallique, « *Silas-Wright* », de 15 tonneaux, que vous avez construit pour moi en 1849. Depuis cette époque il a été continuellement à flot et a rendu tous les services pour lesquels on emploie ce genre d'embarcations. Depuis deux mois je l'ai fait rentrer pour en faire l'inspection détaillée. J'ai fait enlever toute la peinture depuis la quille jusqu'aux plat-bords, et j'ai constaté que le fer galvanisé se trouvait en aussi bon état qu'au jour de la livraison. Pendant tout le temps, près de quatre années, qu'il a constamment servi, ce yacht n'a pas donné lieu à un « *cent* » de dépense, si ce n'est pour fantaisie ou pour changement des espars, des voilures, etc.

« — Avant de terminer cette lettre, je dois signaler un fait de quelque importance. Pendant l'été dernier, j'ai touché, avec *le Silas-Wright*, sur un rocher caché sous l'eau dans la baie. Il filait alors huit nœuds au moins à l'heure. Il fit trois bonds distincts et franchit le rocher. Les seules traces de cet accident furent trois bosselures au fer, à mi-distance à peu près de la ligne de flottaison à la quille. Un bateau de bois qui aurait éprouvé de pareils chocs aurait coulé à l'instant. Mon yacht n'a pas souffert le plus léger dommage; on n'a fait depuis aucune réparation à sa coque. Il est également certain que vos bateaux métalliques ne souffrent pas de la commotion du canon lorsqu'ils sont suspendus au porte-manteau d'un vaisseau de guerre, les joints ne se trouvant jamais entr'ouverts. »

Page 94. — WILLIAM L. HUDSON, DE LA MARINE DES ÉTATS-UNIS, A M. JOSEPH FRANCIS.

« Arsenal de la marine, New-York, 24 janvier 1853.

« Monsieur, permettez-moi de vous féliciter, vous et tous ceux que cela concerne, de la justice qui est enfin rendue aux bateaux de votre invention, sous le rapport de leurs bonnes qualités, de leur force et de leur durée, ainsi que de l'économie qui en est la conséquence pour le commerce. Ces avantages qu'offrent vos bateaux métalliques et, par dessus tout, la sécurité et leurs qualités comme bateaux de sauvetage, ont fini par pénétrer dans l'esprit de toutes les classes de la société et par assurer à leur inventeur une renommée presque universelle.

« Je sais contre quels préjugés vous avez eu d'abord à lutter, avec quelle énergie vous avez persévéré malgré les bruits malveillants et les pertes pécuniaires, et j'espère sincèrement que votre triomphe sera désormais complet. Par votre invention, vous méritez de passer à la postérité comme un bienfaiteur de l'humanité, et de recueillir en attendant le prix de vos labeurs et de vos peines.

« *P.-S.*—Vous me citez dans votre lettre le *dingy* (1) (canot de service) métallique du *Porpoise* qui, après avoir été constamment employé pendant trente-neuf mois dans les mers de la Chine, en est revenu fort peu usé et, par de légères réparations, a été parfaitement remis en état de

(1) Ce canot et celui du *Vincennes* n'avaient que dix-huit pieds de long.

faire une nouvelle croisière. J'avais récemment avec moi, sur *le Vincennes*, un de vos *dingys* métalliques. Pendant une croisière de trois *années*, il a fait toutes les corvées du navire et a rendu autant de services à lui seul que tous les autres bateaux ensemble. Maintenant il est dans ce bassin prêt pour une autre croisière et aussi bon que s'il était neuf, à l'exception toutefois que quelques heures de travail sont nécessaires dans ses œuvres en bois.

« Pendant toute la durée de la campagne nous n'avons eu aucune réparation à faire à sa coque. »

Page 65. — WASHINGTON A BARTLETT, LIEUTENANT DE VAISSEAU.

« Washington, 14 décembre 1850.

« Il y a, dans l'Orégon et dans la Californie, un grand nombre de bateaux métalliques du système Francis. On s'en sert pour tous les genres de transports auxquels un bateau peut convenir, depuis le plus grand jusqu'au plus petit; et en voyant de quelle manière on les maltraite, on ne doit pas douter de leur aptitude à un service plus pénible que ne le pourrait supporter un bateau ordinaire. Dans aucun cas, je n'en ai vu hors d'état d'être réparé.

« Les deux que j'avais achetés, m'ont rendu tous les services que je pouvais en attendre; ils étaient tellement en faveur dans mon voisinage, qu'on les enlevait souvent de l'endroit où ils étaient amarrés, et qu'ainsi, je me décidai à les vendre, pour éviter le désagrément d'avoir toujours à les chercher. Ils sont en ce moment dans la baie de San-Francisco.

« A l'embouchure de la Colombia, les pilotes en ont un de petite dimension, qu'ils gardent comme bateau de sûreté. C'est dans un bateau construit sur ce modèle que le major Hathaway, de l'armée des États-Unis, accompagné de sept personnes, traversa les brisants de la barre de la rivière Columbia, pour aller en mer pendant une nuit obscure, et le lendemain franchit de nouveau ces brisants, sans embarquer une goutte d'eau. Pour un homme sans habitude de la mer, c'est un coup d'une hardiesse peu commune.

« Le grand canot, vendu à quelques-uns de mes amis qui firent le tour du Cap, quitta le vaisseau avec neuf personnes, à soixante-dix milles de l'île de Juan Fernandez, et par un vent si violent que, pendant la nuit, le vaisseau fut forcé de prendre le bas ris aux huniers, et qu'à bord on désespérait de jamais les revoir; ce canot métallique, de vingt-six pieds, continua sa route sans accident. Le lendemain, son monde débarquait sain et sauf, tandis que le vent soufflait avec une telle violence que le navire ne pouvait approcher de la côte. Je me suis toujours servi de ces bateaux avec grand plaisir.

« Je sais que, sous les tropiques, où le bois se resserre à tel point qu'en peu de temps un bateau de bois perd ses clous et en outre est attaqué par les vers, les bateaux métalliques sont toujours prêts pour le service, sans avoir besoin d'être réparés; ils résistent sans avarie à des chocs très-fréquents contre les rocs et récifs qui briseraient en pièces un bateau ordinaire.

« Le bateau que vous avez fourni au vaisseau « *Vincennes* », capitaine Hudson, était de service tous les jours, et à cause de sa légèreté, de sa vitesse et de sa sûreté, c'était le bateau favori. Le premier lieutenant m'a dit qu'il marchait admirablement bien et qu'il faisait toutes les corvées des autres bâtiments. Quand il faut ménager les hommes, un bateau de cette qualité est un objet de première importance dans l'armement d'un navire.

« J'ai vu, il y a quelques années, les premiers essais de M. Francis dans la construction de bateaux métalliques, tant pour le service ordinaire que pour celui de sauvetage, et j'ai observé avec un vif intérêt les efforts qu'il a constamment faits pour vaincre les préjugés. Aussi, partout où j'ai rencontré des bateaux métalliques, je me suis informé avec soin, surtout auprès des gens compétents, de la manière dont ils fonctionnaient. J'ai reconnu depuis deux ans que l'opposition à leur égard diminue tant à cause de l'expérience qu'on en fait tous les jours, que par l'effet des témoignages favorables rendus par des marins intelligents, qui reconnaissent les avantages de ces bateaux ; on est généralement d'accord sur leur supériorité quant à leur durée et à leur sûreté.

« Quant à moi, dans un armement pour tel service que ce fût, je ne manquerais pas de me pourvoir de ces bateaux métalliques, autant pour leur sûreté que par économie. »

P. 63. LE PROFESSEUR GRANT A M. FRANCIS.

« Septembre 1850.

« Je n'ai jamais eu le plaisir de vous rencontrer, mais je vous connais très-bien de réputation, et je regarde comme un devoir de vous communiquer les faits mentionnés dans la relation suivante, dont je vous autorise à faire l'usage qu'il vous plaira :

« Etant de service, en l'année 1848, à bord de la frégate à vapeur des Etats-Unis *Mississipi*, à Sacrificios, près la Vera-Cruz, et ayant besoin d'un bateau pour transporter du château de Saint-Juan-d'Ulloa des matières désinfectantes, j'en fis demander un à la station, et fus informé qu'il n'y en avait pas de disponible pour cette opération. J'appris dans le mois de janvier, qu'un bateau en cuivre, construit par vous, était échoué dans le sable, près du château. Je me rendis de suite à l'endroit désigné, où je le découvris sous trois pieds d'eau, à demi rempli de sable et de gros morceaux de vieux fer, dont quelques-uns pesaient 150 livres. Il était exposé au choc des vagues sur le rivage, et ses œuvres de bois, telles que les bancs, les plat-bords et les toletières, avaient été brisées à coups de masse ou à l'aide d'une forte barre de fer qui était près de là, et dont on voyait distinctement les marques. Après l'avoir fait vider, je remarquai sur diverses parties de ses côtés plusieurs fortes bosselures, provenant de coups frappés à l'intérieur avec un lourd marteau ou avec une barre de fer. Ces bosselures étaient très-profondes, mais le métal n'était pas fendu. On avait évidemment eu l'intention de détruire ce bateau, mais on n'avait pu y réussir à cause de la flexibilité du cuivre.

« En levant son vaigrage, je vis sa cale et son fond percés de cinq trous, faits sans doute avec le même instrument, mais avec plus de succès en cet endroit, parce que les coups avaient été portés lorsque le bateau était sur le banc de corail, ce qui avait empêché le cuivre de ployer ou de se bosseler. Je bouchai ces trous en plaçant à l'intérieur un gros marteau et en frappant à l'extérieur sur les déchirures avec un marteau ordinaire. Je replaçai ensuite les bancs et remis à flot ce bateau, qui parut aussi bon qu'au sortir de l'atelier. Toute cette opération n'a certainement pas demandé plus d'une heure de travail, et je crois d'avoir employé moins de temps à le réparer qu'on n'en avait perdu à essayer de le détruire, s'il faut en juger par les coups dont il portait les traces.

« Ce bateau avait trente pieds de long, il était d'une forme étroite, basse et très-allongée ; évidemment, il n'avait pas été construit pour le service de mer, mais comme guigne à l'usage d'un vaisseau de guerre. Sa manœuvre en mer est facile, car, pendant plusieurs semaines, je m'en suis servi, avec deux hommes de l'équipage, pour aller, par toute sorte de temps, de Sacrificios au Château, quoique environ deux ou trois milles de ce trajet soient en pleine mer. Nous fûmes un jour surpris par un coup de vent du Nord, qui, au moment où nous atteignions Washer-woman-Shole, à un mille du port, était d'une telle violence, que l'écume des vagues s'élevait à cinquante pieds au-dessus du môle de la Vera-Cruz. Néanmoins, à trois personnes, nous amenâmes ce bateau de trente pieds sain et sauf près de la frégate *Cumberland*, et sous le vent du Château. Je suis sûr que dans d'aussi mauvaises conditions, un bateau de bois de cette dimension aurait inévitablement sombré; car, plusieurs fois, le nôtre fut à moitié rempli d'eau par les lames qui passaient par dessus ; mais les réservoirs d'air le maintinrent à flot, et nous arrivâmes à bord sans accident.

« Ce bateau avait été construit en 1846 pour le sloop de guerre *Albany*, capitaine Breese, qui, le croyant peu convenable au service, l'avait fait mettre au rebut; mais il s'est montré le plus solide, le plus léger et le plus sûr bateau de l'escadre du golfe, malgré l'injuste préjugé dont il avait été l'objet. On continue à l'employer au service de la côte, et il est aussi bon que jamais. »

Page 95. RAPPORT DU COLONEL RAMSEY, CHARGÉ PAR LE GOUVERNEMENT DES ÉTATS-UNIS D'UNE EXPÉDITION POUR EXPLORER LA RIVIÈRE MESCALA, AU MEXIQUE.

7 Août 1852.

« . . . . . Nous avions formé le projet de descendre avec nos bateaux la rivière Matamoros jusqu'à sa jonction avec la Mescala, et l'on verra par le récit suivant jusqu'à quel point nous avons réussi. Notre excursion prouve deux choses d'une manière concluante : d'abord, que la rivière Matamoros est le petit cours d'eau le plus pierreux et rocheux que j'aie jamais rencontré; et, ensuite, que les bateaux métalliques de M. Francis sont capables de résister mieux que tous autres aux chocs les plus rudes. Notre plus grand bateau avait vingt-six pieds de long sur six et demi de large, et ne tirait qu'un pied d'eau. L'autre était de très-petite dimension.

« Quand nous arrivâmes dans l'océan Pacifique, notre premier bateau était en aussi bon état qu'au départ de New-York. Le petit fut laissé en un lieu où il était destiné à servir de bateau de passage. Nous avions formé le projet de nous servir du plus grand pour descendre le long de la côte, jusqu'à Acapulco, distance de trois cents milles; mais des circonstances nous en empêchèrent, au grand regret du cap. Reynolds, qui avait déjà fait toutes les dispositions nécessaires. »

EXTRAITS DU JOURNAL DU COLONEL RAMSEY.

« . . . . . Le cap. Reynolds se rendit vers la rivière, qui est à environ cent yards (mètres) de la ville, pour s'assurer si elle pouvait porter nos bateaux jusqu'à la Mescala. Après un long et sérieux examen, il conclut qu'il y avait assez d'eau, mais que notre navigation serait entravée par des rochers, des rapides et des cascades. Il décida que, tout considéré, il valait mieux tenter l'essai, et que, si l'on rencontrait des endroits dangereux, on les éviterait en faisant porter par les naturels les bateaux sur leurs épaules. On nous dit qu'à une ou deux lieues plus loin, à la jonction, une autre grande rivière venait du nord et de la vallée de Cuautla, se jeter dans celle-ci, et qu'à partir de là, nous aurions assez d'eau.

« En conséquence, l'ordre fut donné, que le fourgon portant les provisions fût conduit à la jonction, M. Farnum l'accompagnant avec ses domestiques, tandis que je descendrais en bateau avec le capitaine Reynolds jusqu'à ce point, où on devait nous attendre.

« Nous rassemblâmes environ quarante naturels, pour leur faire porter à dos les bateaux, à la descente des bords escarpés de la rivière, dont la largeur en cet endroit était d'environ quinze yards (mètres), et dont le cours très-sinueux était encombré d'un grand nombre de pierres détachées. Les rives étaient garnies d'arbustes et d'arbres, dont la plupart étaient de gros cyprès de cinq à six pieds de diamètre, mais d'une hauteur médiocre. L'abondance de ces arbres a fait donner autrefois à cet endroit le nom de Pueblo de Ahuehuetecingo, ou l'avenue des Cyprès.

« Les naturels lancèrent le grand bateau dans le lit de la rivière, et le petit y fut amarré; nous avions l'intention de diriger le grand bateau, et de laisser le petit suivre à la remorque; mais, au départ, il y eut de la confusion. Les naturels étaient occupés à pousser pour franchir un bas-fond, quand tout à coup le courant entraîna avec force le bateau vers un trou profond. Ce mouvement saccadé fit passer le petit bateau en tête, et les naturels s'y cramponnèrent pour se sauver; par malheur, la rivière en cet endroit faisait un coude, et en travers se trouvait un arbre renversé, contre lequel les bateaux vinrent frapper en flanc, le petit d'abord, puis le grand, avec un craquement à faire croire que tout était en pièces. Un de nos hommes était d'un côté, cherchant à lutter contre le courant qui l'entraînait; on vint à son secours assez à temps pour l'attirer dans le bateau. De l'autre bord, du côté de l'arbre, deux des naturels faillirent être écrasés entre les deux bateaux, et évitèrent, comme par miracle, d'avoir les côtes enfoncées ou d'être noyés. A l'aide d'une corde lancée sur la rive opposée, et qu'on saisit de suite, le capitaine Reynolds parvint à nous retirer de cette mauvaise position, et nous continuâmes notre route. Il jeta ensuite sur l'autre rive une autre corde dont les naturels s'emparèrent également, afin de guider graduellement notre marche. Mais ces hommes inintelligents, ne sachant pas quand il était à propos de retenir ou de laisser aller, nous mirent souvent dans l'embarras. Tantôt nous étions lancés contre un rocher, ensuite le bateau dérivait vers des eaux basses et il fallait un vigoureux effort de vingt hommes pour le remettre à flot. Une autre fois, quand nous étions dans une eau plus profonde, ils sautaient dans le bateau, au moment même où nous rencontrions une pierre, un roc ou un banc de sable. Pendant tout ce temps, la rivière coulait entre des roches élevées et des arbres entrelacés au-dessus et à travers les rapides et les pierres, avec une vitesse de quatre nœuds. Je me tenais à l'avant du bateau pour le garantir contre ces obstacles, tandis que les autres se tenaient à l'arrière pour avertir les naturels, s'il fallait tirer ou lâcher les cordes. La chaleur était intolérable, et nous étions exposés à un soleil brûlant. A des distances très-rapprochées, il y avait quelque obstacle nouveau, soit un bas-fond, soit un brusque détour de la rivière, ou des rocs, ou une cascade tombant à 45 degrés, sur un lit de pierres, et parfois un changement de direction du courant. Souvent le petit bateau s'emplissait d'eau et faisait des efforts désespérés pour se débattre contre la rapidité du courant. D'autres fois, c'était le côté ou le fond qui donnait en plein travers contre un roc; il fallait beaucoup de temps pour le dégager; pendant qu'on y travaillait, le grand bateau rencontrait un autre obstacle, et il nous fallait à chaque instant soulever ou tirer. Nous avions à craindre qu'à force de heurter contre les rocs, nos bateaux ne vinssent à être percés ou que les naturels, se trouvant épuisés, ne finissent par refuser de travailler.

« Après une courte halte, dans laquelle nous partageâmes avec eux quelques rafraîchissements, nous continuâmes notre route, toujours à travers les rapides, les bas-fonds, les rocs et les trous profonds, entre deux rives bordées de roches escarpées et d'arbres croisés au-dessus de nos têtes, et qui parfois entravaient notre marche. Dans certains endroits, la rivière n'avait que vingt pieds de large, puis, tout à coup, elle s'étendait à trente yards (mètres). Au moment où nous atteignions un brusque tournant de la rivière, dont le cours se resserrait et tombait en cascade, on nous apporta du village le dîner pour les naturels. Nous eûmes quelque peine à leur persuader de différer le repas jusqu'après le passage de cette chute d'eau. Pour cette manœuvre, un de nos hommes était sur une des rives, et le capitaine Reynolds sur l'autre. Ici, la plus grande précaution devenait nécessaire, car le courant était très-étroit et très-fort, et l'eau retombait en écumant sur de larges pierres. Après les efforts les plus pénibles, je parvins à empêcher le bateau de sombrer, tandis que les hommes placés sur les deux rives l'empêchaient d'avancer trop rapidement. Enfin, nous fûmes quittes de ce mauvais pas, et nous flottâmes en silence sur une eau profonde, ombragée de cyprès. Nous prîmes alors quelque nourriture; et après délibération, nous fûmes convaincus qu'il ne serait pas possible de faire franchir beaucoup de pareils obstacles par nos bateaux sans nous exposer à les voir brisés. Nous n'étions encore qu'à une demi-lieue du village dont nous étions partis, et pour faire ce trajet, nous avions travaillé sans relâche pendant trois ou quatre heures. Nous décidâmes que les bateaux franchiraient un autre rapide, ce qui nous amènerait à la passe de Saint-Juan, où se croisent les routes de Saint-Juan et Chiautla. Le départ fut ordonné, et bientôt nous arrivâmes à l'endroit désigné. Nous y amarrâmes nos deux bateaux, à l'abri entre deux gros cèdres, sous un ombrage charmant.

« Nous étions presque épuisés de fatigue; les naturels furent congédiés, on dressa la tente au-dessus du grand bateau, et l'on fit les dispositions nécessaires pour passer la nuit. Fort heureusement, les bateaux n'étaient pas avariés et ne prenaient pas l'eau. Les côtés avaient bien quelques bosselures, mais en moins d'une heure elles furent redressées. Certainement aucun autre genre de bateau n'aurait pu résister à tous les coups et à tous les chocs que ceux-ci avaient reçus; et jamais bateaux métalliques ne furent soumis, de continu, à des épreuves aussi rudes. Il faut espérer que, dans la rivière Mescala, nous ne trouverons pas des écueils ou des chutes de même nature. — 7 août 1852. »

LETTRE DU MAJOR EYRE.

« Liverpool, 10 janvier 1856.

« Monsieur le comte,

« J'éprouve un vrai plaisir en vous informant, selon ma promesse, du résultat des expériences qui, par ordre des lords-commissaires de l'amirauté, ont eu lieu ici, hier, en présence du commandant Bevis, de la marine royale, pour essayer les bateaux métalliques de M. Francis, de New-York, en vue de leur introduction dans le service britannique.

« Ces épreuves ont eu lieu au dock Huskisson, et le bateau choisi fut le *dingy* (canot de service), du steamer américain *Baltic*, de 16 pieds de long, sur 4 pieds 10 pouces de large et 2 pieds de profondeur.

« L'épaisseur du métal est à peu près celle d'une pièce de 50 centimes ou d'un six-pence anglais, et le bateau lui-même consiste simplement en une coque rigide, composée de feuilles de métal galvanisé et cannelé, rivées ensemble, sans aucun renfort ni membrure pour les consolider. La force extraordinaire de la structure me paraît uniquement due aux cannelures, qui ont été faites au moyen d'un appareil fort ingénieux inventé par M. Francis.

« Les épreuves suivantes ont eu lieu en cette occasion, sous la direction de M. Francis, pour justifier de la force de son bateau :

« 1° Le bateau, mis sens dessus dessous, a été frappé avec force et à coups redoublés avec le marteau d'une lourde hache à long manche. Cette opération ne l'a fait céder en quoi que ce soit en aucune de ses parties.

« 2° Il fut, pendant plusieurs minutes, heurté violemment de côté et d'autre contre le pavé très-raboteux du quai. Cette rude épreuve lui fit sur les côtés quelques bosselures assez profondes qui, néanmoins, furent promptement redressées par quelques coups de marteau frappés à l'intérieur.

« 3° Soulevé par l'avant, de manière à le dresser presque droit sur l'arrière, il fut brusquement et vivement jeté sur le pavé du quai sans qu'il éprouvât la moindre avarie.

« 4° De nouveau enlevé par son avant, au moyen d'une poulie fixée à la vergue d'un bâtiment, on le laissa tomber dans l'eau ; il fut alors monté par quatre rameurs et un homme au gouvernail, qui le lancèrent à toute vitesse contre un pilier en pierre, et avec une telle force, que les hommes furent jetés hors de leurs bancs.

« Ces rudes épreuves furent répétées plusieurs fois, jusqu'à ce que le commandant Bevis donnât ordre de cesser. Cet officier se déclara pleinement satisfait des résultats dont il était témoin, et qui, dit-il, lui donnaient l'entière conviction de la supériorité de ces bateaux sur tous les autres.

« On peut ajouter qu'en principe, tous les bateaux construits par M. Francis sont des bateaux de sauvetage. Ils ont à leurs extrémités des chambres à air, très-hermétiquement closes, qui leur permettent de surnager quand même ils seraient pleins d'eau. Ils réunissent ainsi les trois qualités essentielles pour le service public : sécurité, longue durée et économie. Le capitaine du *Baltic* affirma au commandant Bevis que ce bateau métallique lui servait depuis cinq ans et qu'il n'avait jamais eu besoin de réparations ; il était tout aussi bon qu'un bateau neuf. »

LE CAPITAINE COMSTOCK, COMMANDANT LE *Baltic*, STEAMER-POSTE DES ÉTATS-UNIS, AU COMMANDANT BEVIS, DE LA MARINE ROYALE.

« Liverpool, 9 janvier 1856.

« Je connais depuis longtemps, et de la manière la plus avantageuse, M. Joseph Francis, de New-York, breveté pour les bateaux métalliques de sauvetage et gérant de la Compagnie établie à New-York pour la construction de ces bateaux.

« Ses connaissances sur la bonne organisation d'un bateau de sauvetage sont bien supérieures à celles de qui que ce soit de ma connaissance, et je n'hésite pas à vous dire que vous pouvez accueillir avec la plus grande confiance tous les renseignements qu'il vous donnera au sujet de ces bateaux, ainsi que les engagements qu'il pourrait prendre pour en fournir de tel genre que ce soit. »

LE MÊME AU MAJOR EYRE.

« En parcourant mon journal, j'y trouve qu'en février 1855, je fus obligé, pour me procurer un pilote, de faire mettre à la mer un de mes bateaux métalliques (du système breveté Francis), le pilote ayant craint de risquer le sien. Jusqu'à ce que je l'eusse vu franchement à la merci des flots, je doutais que mon bateau pût fonctionner ; mais j'acquis bientôt la certitude qu'il était capable de braver telle mer que ce fût. Au bout de quarante minutes, le pilote arriva à mon bord, et quoique le bateau vînt de temps à autre heurter le vaisseau assez fort pour le faire sombrer, il n'eut aucune avarie.

« Ma conviction est qu'un bateau ordinaire n'aurait jamais pu tenir la mer par le temps qu'il faisait, et que son équipage aurait péri ; mais la force extraordinaire du métal du nôtre l'a seule empêché d'être brisé, ce qui serait certainement arrivé à un bateau de bois. »

LETTRE DU GÉNÉRAL JESSUP, QUARTIER-MAITRE EN CHEF DE L'ARMÉE DES ÉTATS-UNIS, A M. FRANCIS.

« Je désire que, pour le service de ce département, vous fassiez construire, dans le plus bref délai possible :

« Huit grands canots métalliques, à six rames, munis de leurs rames, etc. (Bateaux de sauvetage.)

« Vingt bateaux métalliques, avec rames et avirons, semblables à ceux construits dans votre établissement il y a environ un an. (Principe des bateaux de sauvetage.)

« Le lieutenant-colonel Swords recevra des instructions sur la destination qu'il devra leur donner, et je vous prie de me faire connaître vers quelle époque vous pensez qu'ils seront terminés et prêts à être embarqués. »

Page 44. — LE CAPITAINE CRABTREE, VAPEUR TRANSATLANTIQUE LE *Hermann*. — Février 1851.

« Le 21 janvier dernier, le steamer *Prometheus*, en essayant de passer le long du quai, vint frapper dans l'arrière du *Hermann*. Le guigue de sauvetage de ce bâtiment était suspendu au davier d'arrière, et reçut en plein travers tout le choc, dont la violence brisa instantanément les plat-bords et les bancs de rameurs, et aplatit les deux côtés du gigue presque l'un contre l'autre. Tout l'effet de la collision ayant été supporté par le gigue, le navire n'éprouva lui-même aucune avarie. J'ai envoyé le bateau à votre atelier, d'où il est revenu complétement rendu à sa forme primitive, et en aussi bon état qu'avant l'accident.

« Si c'eût été un bateau de bois, il n'eût certainement pas valu les frais de réparation. »

« 19 Juin 1848.

« Pendant le terrible coup de vent essuyé par ce steamer, le 24 mars, ses deux bateaux métalliques ont été plusieurs fois lancés par le vent au-dessus du porte-manteau, avant qu'il fût possible de les amener sur le pont et de les amarrer. Si ces bateaux eussent été de bois, ils auraient été certainement détruits. »

« 13 Août 1850.

« M'étant servi des bateaux de sauvetage métalliques de M. Francis, depuis la construction de ce steamer, et en ayant ajouté deux de plus grande dimension à ces premiers, j'ai maintenant le plaisir de déclarer, en corroborant mes anciens témoignages d'approbation, que je suis d'avis que, de toutes les embarcations en usage, les bateaux métalliques Francis sont les plus capables de rendre des services *effectifs* dans les situations difficiles et périlleuses Ils sont à l'épreuve du feu ; ils ne prennent jamais l'eau ; ils sont prêts en toute occurrence, et lorsqu'on s'en sert dans un moment de hâte et de tumulte, ils ne souffrent pas des accidents qui détruiraient des bateaux de bois et les mettraient hors de service quand on en a le plus besoin. Je recommande donc, sans hésiter, leur usage général. »

Page 45. — LE CAPITAINE G.-W. FLOYD, DU STEAMER-POSTE DES É.-U., *le Washington*, A M. FRANCIS.

« New-York, 13 septembre 1850.

« Les bateaux métalliques fournis par vous pour le steamer des États-Unis, *Washington*, depuis sa construction, sont aussi bons que des bateaux neufs et n'ont pas exigé de réparations. Je considère les bateaux métalliques comme supérieurs aux autres sous tous les rapports ; ils ne prennent jamais l'eau et sont toujours prêts pour la mer. En cas de naufrage ou d'incendie d'un navire, un bateau impénétrable à l'eau et à l'épreuve du feu est d'une importance *vitale*. C'est en de pareils moments qu'on apprécie les bateaux métalliques.

« D'après ma propre expérience, je puis dire que ces bateaux remplissent toutes les conditions de sûreté et de durée. »

Page 46. — LE CAPITAINE STODDART, DU STEAMER-POSTE DES ÉTATS-UNIS *Crescent-City*.

« 30 Septembre 1848.

« Je viens de recevoir le bateau de fer galvanisé que je vous ai envoyé pour être réparé. Il avait été écrasé, tandis qu'il était suspendu au porte-manteau, par la collision d'un autre navire ; mais il a l'air maintenant aussi bon que lorsque je l'ai acheté. Un bateau de bois aurait été complétement brisé par ce choc et mis hors d'état d'être réparé. Le bateau métallique, au contraire, a été réparé en six heures ; il n'en a coûté que cinq dollars, et il vaut autant qu'un bateau neuf. Je suis fondé à dire que les bateaux métalliques sont supérieurs aux bateaux de bois, parce qu'ils sont toujours prêts à être utilisés, parce qu'ils peuvent être exposés sans dommage aux rayons du soleil et même à l'ardeur d'un incendie, et parce qu'ils sont beaucoup plus capables que les bateaux de bois de résister à l'action des vagues. S'ils sont maltraités comme le mien, on peut les réparer à peu de frais, tandis qu'un bateau de bois, dans les mêmes circonstances, devrait être remplacé. »

Page 46. — LE CAPITAINE H. WINDLE, DU STEAMER-POSTE DES ÉTATS-UNIS *Cherokee.*

« New-York, 12 août 1850.

« J'ai eu des bateaux métalliques de sauvetage de M. Francis à bord de ce navire, depuis qu'il a commencé à servir, et j'ai le plaisir d'ajouter aux autres témoignages de mon expérience, que je les regarde comme étant, de tous les bateaux en usage, ceux dont on peut attendre les services les plus réels dans les circonstances difficiles et périlleuses. La sûreté relativement grande avec laquelle ils traversent des dangers où des bateaux de bois seraient détruits, m'a encore été prouvée par le fait suivant : une partie de mon équipage ayant porté un bateau métallique à l'endroit où commence la navigation de la Chagres, et l'ayant alors abandonné au courant, il est descendu et a été rendu au navire après avoir heurté contre des rochers qui auraient brisé un bateau de bois avant qu'il pût traverser la passe où ces rochers sont situés. Les bateaux métalliques ont mon approbation sans réserve. »

Page 46. — LE CAPITAINE COMSTOCK, COMMANDANT DU STEAMER-POSTE DES ÉTATS-UNIS *Baltic*, A M. FRANCIS.

« New-York, 26 août 1850.

« Monsieur, je suis entièrement d'opinion que vos bateaux métalliques de sauvetage sont inappréciables pour tous les navires qui vont en mer. Leur grande force de résistance et leur marche rapide les rendent utiles quand les bateaux de bois ordinaires ne seraient d'aucun service ; leur légèreté permet de les prendre à bord de navires où on ne pourrait se charger d'autres bateaux. En cas d'incendie, aucun autre bateau ne leur est égal ; et, au point de vue de l'humanité, j'espère que tous les navires destinés à porter des passagers seront contraints, par la loi, de prendre autant de ces bateaux que l'espace permettra. En débarquant sur les côtes difficiles, on pourra les utiliser, là où d'autres bateaux seraient brisés en morceaux. »

Page 47. — LE MÊME CAPITAINE, A L'HONORABLE JOHN DAVIS, SÉNATEUR DES ÉTATS-UNIS.

« New-York, 26 août 1850.

« Monsieur, ma connaissance familière des innombrables exploits nautiques des bateaux de sauvetage métalliques de Francis et de la facilité avec laquelle un navire les porte à son bord, m'autorise à dire qu'ils sont supérieurs à toutes les autres espèces de bateaux en usage. L'honorable comité dont vous êtes membre fera adopter, je l'espère, quelque loi salutaire pour l'emploi général de ces inappréciables bateaux, dont les avantages sur tous les autres sont si nombreux, que je ne saurais par où en commencer l'énumération.

« Je me bornerai donc à dire que c'est très-certainement le meilleur bateau connu pour le sauvetage des personnes. »

LE CAPITAINE BERRY, COMMANDANT LE STEAMER *Southerner*, AU MÊME SÉNATEUR.

« New-York, 6 août 1850.

« Monsieur, lors de la construction de ce navire, il y a quatre ans, je le munis en partie de bateaux de bois et en partie de bateaux de sauvetage de fer galvanisé de Francis. Les bateaux de bois ont été depuis longtemps abandonnés, comme prenant l'eau, ou étant défoncés et inutiles ; ils ont été remplacés par le *métal;* tandis que les bateaux de fer restés en bon état sont en ce moment nettoyés pour être repeints, et se trouvent aussi bons, sans avoir exigé aucune réparation, que s'ils étaient neufs, bien qu'ils aient fait depuis lors un service qui aurait détruit des bateaux de bois. Ils m'ont inspiré à moi et à mon équipage une confiance illimitée dans les plus fâcheuses positions qu'il soit possible d'imaginer (1).

« Ayant rencontré un navirè en détresse qui manquait de provisions, et dont les bateaux de bois prenaient trop l'eau pour être mis à la mer, nous fûmes obligés de nous servir des nôtres pour le ravitailler.

« Les bateaux métalliques ne peuvent ni sombrer, ni brûler, ni se briser, ni rester chavirés. C'est l'unique espèce de bateaux qui mérite en tout temps une confiance sans restriction, car ils sont toujours prêts. Je ne voudrais plus du tout maintenant de bateaux de bois. Il n'y a pas de comparaison à faire pour la sécurité, la durée et surtout pour la confiance qu'on prend en eux et qu'il est si important d'inspirer aux passagers et à l'équipage d'un navire dans des situations dangereuses. Ce sont les seuls bateaux sur lesquels on puisse compter en cas d'incendie ou de naufrage. »

Page 51. — LE CAPITAINE THOS. S. BUDD, DU STEAMER-POSTE DES ÉTATS-UNIS *le Northerner*.

« 22 Août 1848.

« Les bateaux de sauvetage en fer galvanisé, brevetés, de Francis, m'ont satisfait. Ils ne peuvent ni avoir ce qu'on appelle « la maladie des clous, » ni être rongés par les vers, ni s'imprégner d'eau, si longtemps qu'ils restent exposés au soleil. Ils sont toujours étanches et prêts en cas d'urgence. Quant à l'économie, ils n'exigent aucuns frais de réparation, et, pour le sauvetage, on peut en disposer à tout instant et quel que soit le temps. Pour toutes les qualités demandées à des bateaux de navires, telles que la durée, l'économie, la capacité, la sécurité, ils sont très-supérieurs aux bateaux de bois. »

Page 51. — ED. K. COLLINS, A L'HONORABLE J. PHŒNIX, COMITÉ DU COMMERCE, CONGRÈS DES ÉTATS-UNIS.

« New-York, 4 août 1850.

« Monsieur, j'ai pourvu la ligne de steamers pour Liverpool (Compa-

(1) Ce furent les mêmes bateaux métalliques qu'on employa avec tant de succès lors de la collision en mer du *Southerner* et de l'*Isaac Mead*, 6 octobre 1850.

gnie Collins), de bateaux métalliques de sauvetage de Francis, attendu que, d'après ma propre expérience, ils sont infiniment supérieurs à tous les autres sous le rapport de l'économie, de la durée et de la sûreté.

« On ne peut se fier, je crois, à aucune autre espèce de bateaux comme bateaux de secours pour les passagers, en cas d'incendie d'un steamer. Ils sont à l'épreuve du feu, et la chaleur ne les altère pas. »

LE MÊME A M. FRANCIS.

« New-York, 2 novembre 1854.

« Vous construirez de suite cinq bateaux métalliques pour chacun de nos steamers, car nous sommes d'avis que ce sont les seuls bateaux auxquels on puisse se fier en tout temps comme étant toujours prêts pour un service immédiat. Ces bateaux, avec ceux que vous avez déjà fournis à nos steamers, et les améliorations que vous ajouterez peut-être encore, pourvoiront suffisamment, nous l'espérons, à la sûreté de quatre cents personnes, munies d'eau et de provisions, pendant plusieurs jours en mer par des temps ordinaires. »

Suit la liste des huit bateaux précédemment fournis pour chaque steamer.

Quant aux nouveaux bateaux demandés, M. Collins n'en fixait ni les dimensions, ni les prix, s'en reposant entièrement sur M. Francis.

EXTRAIT D'UN RAPPORT DES JUGES DE CONSTRUCTIONS NAVALES, A NEW-YORK.

« Les bateaux de sauvetage en fer galvanisé ont des avantages qui les rendent supérieurs à tous autres :

« 1° Ils résistent aux plus rudes épreuves, et il est presque impossible de leur faire éprouver des avaries assez graves pour empêcher qu'ils ne portent leur contingent de personnel, dans les cas de tempête, de naufrage ou d'incendie;

« 2° Ils sont parfaitement étanches, et en même temps d'une grande force;

« 3° Ils sont à l'épreuve des vers ainsi que des effets de la sécheresse, qualités précieuses, et ne peuvent être déjoints par l'action du soleil, quelque prolongée qu'elle soit;

« 4° Ces bateaux peuvent être mis à la mer pour opérer le sauvetage, dans des cas où aucune autre embarcation ne pourrait se tenir à flot; ils sont également bons pour tous les usages ordinaires d'un navire, et sont toujours en état de faire tous les genres de service. »

Page 10. — Le capitaine C. L. Moses, écrit à ses armateurs, de San-Francisco, le 22 mars 1852: « Je regrette d'avoir à vous apprendre la perte de la barque *Henry*. Partis de Valparaiso le 28 novembre, nous avons échoué sur un banc de corail le 31 décembre, et malgré tous les efforts possibles il nous a été impossible de sauver notre navire; en conséquence je m'embarquai à 5 30 m. après midi, sur un bateau métallique de sauvetage-Francis, avec l'équipage de treize hommes. Nous avons manœuvré ce *bateau de vingt pieds* pendant l espace de *trois cents milles*, sur une très-grosse mer, par un coup de vent (*gale*) continuel et contraire.

En vérité on ne saurait dire assez à la louange des bateaux métalliques de sauvetage-Francis, et tant que je vivrai je me regarderai comme ayant des obligations à M. Francis, etc., etc. »

On peut voir, page 43, les dispositions prises par le capitaine Reynolds et le colonel Ramsey, pour faire un trajet de 300 milles dans l'Océan Pacifique, sur leur bateau métallique-Francis, qui n'avait que vingt-six pieds de longueur sur six et demi de large.

Page 49. — Messieurs Everett et Brown, armateurs de New-York, écrivent à M. Francis, le 30 août 1852 : « Il nous est agréable de pouvoir vous dire que l'expérience faite depuis plusieurs années, des bateaux que vous nous avez fournis, d'après nos ordres, entr'autres à trois steamers armés pour l'Amérique du Sud, et à nos paquebots de Liverpool, nous a confirmés dans l'opinion que vos bateaux métalliques offrent plus de sûreté, sont plus durables et plus économiques dans tous les climats (et particulièrement sous les tropiques), qu'aucun des bateaux de bois ou d'autre construction que nous connaissions, et beaucoup moins sujets à être endommagés ou à exiger des frais de réparation ; nous les regardons comme méritant la préférence, et nous les recommanderons avec confiance à nos amis. »

Page 50. — D. STUART ET FILS, NÉGOCIANTS-ARMATEURS, A MM. EVERETT ET BROWN.

Baltimore, 12 août 1852.

« En novembre 1848, nous avons équipé notre navire *le Greyhound*, et, pour la première fois, nous avons remplacé les bateaux de bois par des bateaux de fer, plutôt comme un essai qu'autrement.

« Après un voyage de plus de deux ans, la majeure partie du temps sous les tropiques, *le Greyhound* est revenu ici, et, après examen, nous avons trouvé ses bateaux Francis en bon état, n'ayant besoin d'aucune réparation quelconque. Les seules qui aient eu lieu pendant deux années, consistaient dans le remplacement d'une portion des plat-bords et de l'étambot du plus petit bateau, qui avaient été brisés dans une collision du *Greyhound* avec un autre bâtiment dans la baie de San-Francisco ; et nous pensons que si un bateau de bois avait été soumis à la même épreuve, il eût été détruit en grande partie, si ce n'est complétement, le bateau s'étant trouvé violemment serré entre les deux navires. Après cet accident, et jusqu'à l'arrivée du navire en notre ville, en mai dernier, nous ne savons pas qu'aucune réparation ait été faite à ces deux bateaux, qui, jusqu'aujourd'hui même, sont en bon état ; mais le navire devant faire un long voyage, nous pensons qu'il serait bon de renouveler les plat-bords et les toletières.

« Comme bateaux de secours dans les gros temps (avec un léger changement de forme quant à la profondeur), nous les estimons comme étant sans pareils. Nous devons même observer qu'à Pisco, sur la côte du Pérou, où le ressac est d'une violence extrême, ces bateaux étaient généralement admirés pour leur excellent service. Dans une occasion où le gouvernail avait été enlevé par la force des vagues, le bateau se trouvait ainsi livré à leur merci, il poursuivit sa course sans accident et débarqua ses passagers sans qu'aucun d'eux fût à peine mouillé. Notre opinion positive est qu'en pareil cas un bateau de bois eût certainement chaviré.

« En grattant la peinture, on a trouvé la surface du métal tout à fait exempte de rouille; l'eau de mer n'y avait exercé aucune action perceptible. »

MARSHALL LEFFERTS A L'HONORABLE JAMES GUTHRIE, SECRÉTAIRE DE LA TRÉSORERIE.

« New-York, 14 septembre 1855.

« Monsieur,

« Votre lettre du 1er courant, adressée à M. Joseph Francis, a été ouverte par moi, car je suis chargé, pendant son absence en Europe, de tout ce qui concerne les bateaux métalliques.

« La nature de la question posée dans cette lettre semblerait exiger une réponse de M. Francis lui-même, comme inventeur et fabricant, depuis nombre d'années, des bateaux dont il s'agit.

« L'idée de M. Forbes, qu'il faudrait au bateau métallique Francis une chambre à air détachée pour en faire un bon bateau de sauvetage, se réduit à la simple expression d'un avis de sa part; aussi quoique nous respections son opinion, en ce qui regarde les bateaux métalliques, notre longue expérience et notre parfait succès nous autorisent à dire qu'il est dans l'erreur et à nous contenter d'exposer les motifs d'après lesquels nous abandonnons la question au jugement de votre département.

« D'abord, les bateaux métalliques de Francis sont universellement reconnus (et par M. Forbes lui-même) pour être supérieurs à toute autre espèce de bateaux.

« En second lieu, comme bateaux de sauvetage, ils ont toujours été construits de la même manière depuis dix ans; on en a construit un grand nombre et ils ont sauvé plus de personnes qu'aucune autre espèce de bateaux au monde.

« Nous avons eu l'honneur d'en fournir à tous les départements de notre gouvernement, et il n'est venu à notre connaissance aucun accident de la nature de ceux qui semblent appréhendés par M. Forbes.

« Si la question des chambres à air détachées était une question nouvelle, s'il s'agissait de construire pour la première fois ces bateaux, la suggestion de M. Forbes aurait un grand poids; mais dans l'état où sont les choses, après des années d'expérience pendant lesquelles les bateaux Francis ont fait toute espèce de service, nous arrivons à une conclusion très différente. L'expérience ne rend-elle pas tout changement inutile ?

« Pour avoir des chambres à air détachées comme le demande M. Forbes, il faudrait augmenter le poids du bateau, en diminuer la capacité, et ajouter à la dépense.

« Toutefois, si le département juge nécessaire d'avoir des chambres à air détachées selon le plan de M. Forbes, il nous sera facile d'accéder à son désir, car nous avons déjà construit pour lui et sous sa direction, des bateaux d'après le même procédé.

« Nous avons reçu ce matin même une lettre du collecteur des douanes à Michilimackinac, qui nous donne avis que deux de nos bateaux, construits par ordre de votre département pour les stations de sauvetage du lac Michigan et qui avaient fait naufrage l'automne dernier avec le navire qui les avait à bord, ont enfin été retrouvés en bon état.

« Nous mentionnons ce fait comme une preuve de plus de la confiance qu'on peut avoir en eux, car ils doivent avoir été pris dans les glaces ; ils auront été ballottés çà et là avec les glaçons du dernier hiver, et cependant ils n'ont souffert aucun dommage.

« Votre département se sert de nos bateaux sur la côte, depuis bien des années, pendant lesquelles on les a employés à accoster des navires naufragés, à transporter à terre, au milieu des brisants, des passagers, des bagages et des cargaisons; ils ont eu à se frayer une voie au milieu des épars et des épaves flottants, et pourtant vous n'avez jamais entendu dire qu'il soit rien arrivé de semblable à ce que craint M. Forbes. Comme nous l'avons déjà dit : toute notre expérience est contraire aux craintes qu'il exprime, du reste, comme une opinion particulière.

« Nous prenons la liberté de mettre sous ce pli une lettre imprimée du commodore Perry (1), écrite après son retour du Japon, et une lettre du capitaine Frisbee (2) à l'inspecteur des bateaux à vapeur de Pittsburg, toutes les deux relatives au cas en question.

« Nous pourrions multiplier les certificats de ce genre, mais nous pensons bien que le département les jugera inutiles. »

Page 36. — DÉPARTEMENT DES FINANCES.

« Washington, décembre 1850.

« Il a été pris sans délai des mesures qui pourvoiront, selon les inten-

(1) Dans cette lettre, écrite en réponse à des questions sur les moyens de sauvetage qu'il convient d'installer à bord des vaisseaux qui font le service de l'Atlantique, on trouve ce qui suit :

« Chaque navire devrait être muni d'un plus grand nombre de bateaux de « grande dimension, autant qu'il leur est possible d'en porter, tout prêts à être « mis à l'eau, et placés dans les endroits d'où ils peuvent être le plus faci« lement lancés. Les bateaux de sauvetage métalliques de Francis doivent déci« dément être préférés à tous autres. »

Le commodore recommande que chaque steamer en ait dix, dont six aux portemanteaux, capables de porter trois cents personnes.

(2) Le capitaine Frisbee rend compte d'un naufrage, arrivé en octobre 1854, sur les côtes de l'Océan-Pacifique, dans lequel environ mille personnes ont été sauvées à l'aide de *deux* bateaux métalliques Francis ; divers bateaux de *bois* employés d'abord furent bientôt incapables de servir, n'ayant pu résister à la violence de la mer, des brisants et des chocs contre les rochers. Avant cet événement, le capitaine Frisbee n'avait pas ajouté foi à ce qu'il avait entendu dire en faveur des bateaux métalliques de M. Francis, mais il est resté convaincu de leur supériorité pour toute espèce de service, soit sur les rivières, soit sur l'Océan.

tions du congrès, au sauvetage des vies et des propriétés aux bords de la mer. Et, à cette fin, il a été fait marché avec J. Francis, pour la livraison de bateaux métalliques de sauvetage qui seront placés sur cinq points de la côte des Florides et de trois destinés au Texas; le tout avec les accessoires convenables.

Ces mêmes arrangements ont été faits, avec l'addition de mortiers, de boulets, de fusées et de stations, pour les côtes de Long-Island, et pour la construction d'une station de sauvetage à Watch-Hill, Rhode-Island.

« Les bateaux métalliques commandés devront être semblables à ceux qui se trouvent déjà employés sur les côtes de New-Jersey et de Long-Island, en vertu de l'allocation accordée par le congrès en 1848. »

Page 36. — CIRCULAIRE DU DÉPARTEMENT DE LA TRÉSORERIE AUX COLLECTEURS DE LA DOUANE ET AUX CAPITAINES COMMANDANT LES CUTTERS EMPLOYÉS AU SERVICE DE LA DOUANE SUR LES COTES.

« 8 Mars 1851.

« Monsieur, le département ayant résolu de substituer à l'avenir les bateaux métalliques de Francis aux bateaux de bois qui sont en usage pour la douane, il ne sera plus autorisé de dépenses pour ces derniers bateaux. Quand le bateau de bois de votre port sera hors d'état de servir, vous ne le ferez pas réparer, mais vous en préviendrez le département, en indiquant la longueur, la largeur et la profondeur dudit bateau, qui sera remplacé par un bateau métallique.

« S. THOMAS CORWIN, secrétaire de la Trésorerie. »

Page 38. — RAPPORT DU DÉPARTEMENT DE LA TRÉSORERIE.

« 20 Avril 1852.

« Les rapports reçus par le département attestent que bien des centaines de personnes ont été sauvées d'un péril imminent à bord de navires naufragés, grâce aux bateaux métalliques placés sur différentes stations, et qu'un grand nombre, sinon la totalité de ces personnes, auraient probablement péri sans les moyens de sauvetage mis à la disposition du service par autorité du congrès. Beaucoup de propriétés ont été également sauvées, et bien des droits de douane perçus par le gouvernement en conséquence de l'emploi de ces bateaux.

« Le département a arrêté de faire construire tous ses bateaux en fer galvanisé, non-seulement parce qu'ils durent beaucoup plus longtemps que ceux de bois et coûtent beaucoup moins à réparer, mais aussi parce qu'ils sont toujours en état de servir immédiatement. Les bateaux de bois n'offrent pas le même avantage, il suffit qu'ils aient été pendant quelques mois dans un hangar pour que les joints s'ouvrent et que la charpente craque et se déjette.

« S. TH. CORWIN, secrétaire de la Trésorerie.

« Au président de la Chambre des Représentants. »

Page 40. — R.-C. HOLMES, COLLECTEUR DES DOUANES, A WALTER R. JONES ESQUIRE, PRÉSIDENT DU BUREAU DES ASSUREURS, A NEW-YORK.

« New-York, 3 décembre 1849.

« Avec ces bateaux, convenablement montés et dirigés, il y aurait peu de danger à opérer le sauvetage des navires naufragés. Ils peuvent tenir la mer dans presque toute espèce de ressac, et il faut un bien terrible ouragan pour les empêcher d'aborder un navire échoué. S'ils ne sont pas entièrement à l'épreuve des vagues, rien de mieux n'a été fait jusqu'ici.

« Ils sont solides, légers, de vive allure et construits de manière à porter leur équipage, lors même qu'ils sont pleins d'eau. Tant qu'on les tient l'avant ou l'arrière vers la lame, ils ne peuvent être remplis d'eau ni chavirer.

« Nos marins ont tant de confiance en eux et les regardent comme offrant une sécurité si complète, qu'on n'éprouve plus aucune difficulté à trouver des hommes pour les monter. »

Page 42. — SIMPSON P. MOSES, COLLECTEUR DES DOUANES, A L'HONORABLE THOMAS CORWIN, SECRÉTAIRE DE LA TRÉSORERIE,

« Bureau de la Douane, détroit de Puget, Olympia, Orégon.

« Monsieur, je crois de mon devoir de vous faire connaître mon opinion sur les deux bateaux qui sont au service de la douane dans ce district. Ce sont tous les deux des bateaux métalliques, l'un de cuivre, l'autre de fer galvanisé, construits par J. Francis, de New-York.

« Pour le service qu'ils ont à faire, ce sont certainement, et sans comparaison, les meilleurs bateaux qu'on ait imaginés jusqu'ici et les plus aptes à remplir leur but. Pour les maintenir en bon état, la dépense s'élève à peu de chose, tandis que des bateaux de bois seraient très-dispendieux. »

« Le bateau de cuivre, sur lequel je me suis trouvé exposé par un très-gros temps sur une mer très-houleuse, a filé douze nœuds à l'heure sous une petite voile. Je le considère comme inappréciable pour le gouvernement; c'est une excellente acquisition quel que soit son prix. »

Page 48. — LE CAPITAINE L.-N. COSTE, COMMANDANT DU BRICK DE LA DOUANE DES ÉTATS-UNIS *le Washington*, A M. JOSEPH FRANCIS.

« New-York, 8 août 1852.

« Les bateaux métalliques ne souffrent aucunement d'être exposés au soleil. Le ver, si destructeur pour le bois, ne peut rien contre eux. Il est presque impossible de crever la coque, et, quand cela arrive, on la répare très-aisément. Ils marchent bien; ce sont de bons bateaux de mer, très-légers; on les maintient en état à peu de frais; ils exigent moins de peinture. La commotion des pièces de gros calibre ne leur fait aucun tort. Ce n'est là qu'une partie des nombreux avantages qui les rendent supérieurs aux bateaux de bois.

« Le dernier bateau que vous avez construit pour le cutter ne saurait être surpassé en vitesse ; et ses qualités comme bateau de mer ne sont dépassées par celles d'aucun bateau de bois de sa dimension et de sa classe. »

Page 93. — EDWIN ROSE, RECEVEUR DES DOUANES, DISTRICT DE SAG HARBOUR, PRÈS NEW-YORK, A JOS. FRANCIS, ESQ.

16 Novembre 1852.

« Je suis charmé de pouvoir attester que le bateau métallique que vous avez construit pour la Douane de ce district, répond entièrement à ce que j'en attendais. J'ai eu, l'été dernier, plusieurs occasions de mettre ses qualités à l'épreuve, et j'ai trouvé, non-seulement qu'il est d'une marche rapide, mais qu'en outre il a des qualités exceptionnelles pour les gros temps. Au mois d'octobre, il a traversé le « *Sound* » au moment de ce que nous appelons la *race tide*, marée de course, depuis Little Gull-Island jusqu'à New-London, par un coup de vent du sud-ouest (ce que peu de gros bâtiments auraient risqué de faire), sans embarquer une goutte d'eau. Sa bonne contenance a excité l'admiration des vieux marins et bateliers qui le montaient, ils ont déclaré partout que c'était le bateau le plus alerte qu'ils eussent jamais eu sous voile et des plus aisés à manœuvrer. Quant à moi je le tiens pour être le *nec plus ultrà* des bateaux de sa grandeur. »

Page 32. — RICHARD C. HOLMES, COLLECTEUR DES DOUANES ET AGENT DES COMPAGNIES D'ASSURANCES DE PHILADELPHIE ET DE NEW-YORK SUR LA COTE DE NEW-JERSEY, A L'HONORABLE THOMAS J. RUSK, SÉNATEUR DES ÉTATS-UNIS.

« Cap May, 27 juillet 1852.

« J'apprends que le congrès s'occupe d'une loi pour obliger tous les navires à vapeur à se munir d'un nombre suffisant de bateaux propres à assurer un sauvetage plus efficace de la vie des passagers. C'est ainsi qu'il en doit être, et j'espère que cette loi sera votée. Vous savez combien cette question m'intéresse vivement depuis longtemps ; vous savez aussi toute l'expérience que j'ai acquise dans le sauvetage des personnes et des propriétés, et vous êtes à même d'apprécier le poids que mon opinion doit avoir dans ces questions. Je me permets donc de vous exposer pourquoi les bateaux métalliques de Francis sont les plus propres au service des navires à voiles ou à vapeur, et pourquoi les bateaux de bois, garnis de liége, de caoutchouc, de sacs de toile, etc., ne sont nullement ce qui convient. 1° Le bateau métallique est à l'épreuve du soleil. Il est fait d'une matière qui n'est susceptible ni de se déjeter, ni de se fendre en plein air ; il ne prend jamais l'eau ; il n'en est pas de même des bateaux de bois. Pendant tout le temps que j'ai rempli, sur la côte de New-Jersey, les fonctions d'agent des compagnies d'assurance, je ne me rappelle pas avoir jamais trouvé à bord d'un vaisseau échoué, un seul bateau de bois en état de transporter son équipage sur une côte distante seulement de deux cents yards (mètres). Je les ai trouvés, en général, ou entièrement brisés, ou tellement déjoints, qu'ils se seraient remplis d'eau avant d'atteindre le rivage. A l'instant même, j'ai en vue deux bricks qui n'ont ni l'un ni l'autre un seul bateau sur lequel je voudrais risquer ma vie par un gros temps. Il en est ainsi partout, on n'a qu'à visiter avec soin les bateaux de la moitié des navires à voiles qui entrent dans notre port, et des steamers qui font aujourd'hui le trajet de Philadelphie et de New-York. Ils portent de deux à trois cents personnes, et si le feu se déclarait à bord, ils n'ont pas de bateaux capables d'en sauver quarante; à moins du voisinage immédiat de la côte et d'un très-beau temps le sinistre serait complet. Cependant ces steamers sont généralement mieux pourvus de bateaux que les autres navires de ce genre. 2° Les bateaux métalliques coûtent beaucoup moins d'entretien; j'en ai aujourd'hui à ma charge six depuis près de quatre ans, et la dépense pour les tenir en bon état et toujours prêts à servir, a été presque nulle. 3° Ils n'ont besoin d'aucun abri contre le soleil; ils peuvent rester suspendus au bordage, pour être mis à flot au premier signal. 4° Il y a moins à craindre qu'ils soient écrasés dans une collision; ils peuvent ployer sans se briser. En résumé, leur usage finira par devenir universel. Ils ne s'alourdissent pas en restant dans l'eau, leur poids est toujours le même; au moyen des réservoirs d'air placés à chaque extrémité, ils continuent de flotter, quoique pleins d'eau, et de porter leur équipage. »

Page 53. — RAPPORT ADRESSÉ AU PRÉSIDENT DU BUREAU DES ASSUREURS DE NEW-YORK PAR LES INGÉNIEURS ATTACHÉS A CE BUREAU, ET PAR LE CAPITAINE COMMANDANT UN NAVIRE EMPLOYÉ A LEUR SERVICE DE SAUVETAGE.

« New-York, 6 mai 1851.

« Monsieur, le bateau de fer galvanisé, commandé par votre ordre pour le bureau des assureurs, pour transporter des cargaisons à travers les brisants, nous a été livré par l'établissement de M. Francis, le 14 mars 1850. Comme c'est le premier bateau métallique employé à ce service, les soussignés pensent devoir vous adresser un rapport sur la manière dont il a fonctionné et sur sa force pour constater à quel point il est en état de faire le service difficile imposé à un bateau destiné au sauvetage des marchandises.

« Aussitôt après sa réception, on l'a conduit au navire *Argo*, alors échoué avec une cargaison importante à Mastic Beach, Long Island, et il est resté avec ce navire jusqu'à son entier déchargement. C'est le seul bateau dont nous ayons pu nous servir avec sécurité et efficacité. Depuis, on l'a employé au déchargement d'autres navires échoués. Il a fait constamment le plus rude des services pendant près d'une année. La première tâche a été de prendre à son bord une des plus grandes pompes à vapeur, *Worthington*, avec la chaudière, les tuyaux d'aspiration et des matériaux pesant trois tonneaux. Il a transporté tout cela sans peine au navire, malgré une mer houleuse et un grand vent. Nous affirmons sans hésiter qu'aucun bateau de bois, entre Egg Harbor et Savannah, n'eût pu en faire autant. Avec un bateau de bois il aurait fallu faire trois voyages sans la même sécurité.

« Une cargaison suffisante pour charger deux schooners de sauvetage, le *Mary-Effin* et le *Splendid*, a été débarquée de l'*Argo*. Elle se composait principalement d'eau-de-vie en pipes et en demi-pipes et de marchandises sèches. Il y avait en outre 300 meules (*Burr Stones* et 150 tonneaux de fer en gueuses (*Kintlege*) ainsi qu'une ancre pesant 3,000 liv., qui a été déposée sur les bancs.

« Dans la cargaison se trouvaient quatre caisses de glaces pesant 1,000 livres. Ces caisses étaient si grandes, qu'il a fallu les poser en travers des plat-bords, *les bancs du bateau n'étant pas fixés* en ce moment, ce qui prouve la force des parois de fer. La même charge eût écrasé un bateau de bois.

« Nous avons pu transporter dans le bateau métallique 30 saumons de fer, tandis que les bateaux de bois n'en pouvaient prendre que 15 et s'entr'ouvraient sous ce poids. Nous avons envoyé du shooner au navire 100 barriques d'huile, cinq à la fois, en une heure et vingt minutes. Aucun bateau de bois n'eût pu prendre plus de trois barriques à la fois.

« Le bateau métallique en question a été soumis au plus rude et au plus difficile service; en beaucoup de cas, on en a même abusé, et cependant, quand on l'a halé à terre à *Novelty Iron Works*, il y a quelques jours, on a trouvé le fond intact; aucune réparation n'a été nécessaire. Ce bateau est aujourd'hui aussi bon que jamais.

« Nous avions un bateau de bois qui avait coûté 120 dollars; il s'est entr'ouvert deux fois et il a fallu dépenser 60 dollars en réparations une première fois, 30 dollars une seconde. Aujourd'hui, le même bateau n'est plus bon à rien.

« Après une expérience prolongée et une constante pratique, nous devons attester qu'il n'y a pas de comparaison à faire entre un bateau métallique et un bateau de bois, pour le sauvetage des personnes, pour retirer des ancres ou pour décharger une cargaison complète sur une plage malgré la violence du ressac, et tout considéré, nous éprouvons maintenant, en ce qui regarde *notre propre sûreté*, *lorsqu'il s'agit de traverser des brisants par le plus gros temps, une pleine confiance que n'aurait su nous inspirer aucun des bateaux de bois que nous ayons jamais vus.* »

(Suivent les signatures.)

Page 56. — EXTRAIT D'UNE LETTRE DU CAPITAINE LAWLESS, NAUFRAGE DE L'*Indépendence*,

« New-York, 12 août 1852.

« Monsieur, vous trouverez ci-incluse la commande de deux de vos bateaux de sauvetage métalliques, de 25 pieds de long sur 6 pieds

6 pouces de large pour le steamer *Star State*, et d'un bateau des mêmes dimensions pour le steamer *Trinity*, qui est en construction chez MM. Westervelt et fils, pour la ligne des steamers du Golfe (du Mexique), de MM. Harris et Morgan.

« Les bateaux que vous avez fournis pour le steamer *Louisiana*, en 1850, sont aussi bons que s'ils étaient neufs, malgré le rude service qu'ils ont eu à faire en sauvant les passagers et l'équipage du steamer *Indépendence*, qui s'est perdu à la barre de Pass Cavallo en mars dernier. Je puis vous assurer, Monsieur, que vos bateaux métalliques étaient seuls capables de résister à une si terrible mer. Les bateaux de bois de l'*Indépendence* se perdirent complétement avec le second, un homme et trois passagers. Mon second, en allant à leur secours, chavira et resta avec ses hommes, dedans ou sur votre bateau de sauvetage, plus de six heures ; mais enfin il gagna le rivage sain et sauf. Le même second, avec le même bateau, fut le premier qui atteignit le malheureux navire. Ainsi furent sauvées 150 personnes. Sans le succès extraordinaire avec lequel vos bateaux fonctionnèrent, la perte aurait été immense, car le navire ne tarda pas à être brisé. »

Page 71. — EXTRAIT D'UNE LETTRE DU PROFESSEUR MAILLEFERT, A JOSEPH FRANCIS, ESQUIRE.

« Astoria, 19 avril 1852.

« Monsieur, jusqu'à ce jour, je n'ai pu vous adresser mes sincères remercîments pour la manière vraiment merveilleuse dont mon humble personne a échappé deux fois à la mort. Dieu, dans sa miséricorde infinie, vous a choisi pour être, par votre admirable invention du bateau de sauvetage, le moyen de me préserver d'abord d'être horriblement mutilé par la récente explosion de *Hurlgate*, et ensuite d'être noyé. Et je vous en témoigne, Monsieur, mon éternelle reconnaissance. En vérité, vous devez être fier des centaines d'infortunés que vous avez déjà sauvés d'une tombe liquide, grâce à vos bateaux métalliques.

« Ma vue est encore très-faible, et cela m'empêche de vous exprimer tous mes sentiments ; mais, mon cher Monsieur, croyez-moi, je prierai le Tout-Puissant de conserver votre précieuse vie pendant une longue suite d'années pour que vous sauviez d'autres personnes. Puisse votre pays vous récompenser selon votre mérite. Je termine en disant qu'aussi longtemps qu'il me restera un souffle de vie, je me souviendrai que je vous en suis redevable. »

P. S. Les sentiments exprimés plus haut sont complétement partagés par mon beau-frère ; il se trouvait à l'autre extrémité du bateau de sauvetage, et, par conséquent, il vous doit également la vie.

NAUFRAGE DU NAVIRE LE *Cornelius Grinnell*. — A WALTER R. JONES, ESQ., PRÉSIDENT DE L'ASSOCIATION PHILANTHROPIQUE DE SAUVETAGE.

« New-York, 17 janvier 1853.

« Monsieur, j'arrive justement de l'endroit où le *Cornelius Grinnell*

E. 159 Naufrages sauvés le 27 Mars 1852, par le moyen des bateaux métalliques Francis

E. 159 Persons saved by the Francis' metallic life boats from a wreck in march 1852.

a échoué dans les sables près de Squam Beach, pendant le coup de vent de N.-E., à trois heures du matin, le 14 courant. Il avait à bord 255 passagers et un équipage d'environ 35 personnes. Dès le point du jour, on aperçut du rivage le navire en détresse. L'appareil de sauvetage de la station, éloignée d'environ trois milles, fut immédiatement apporté. La mer déferlait en ce moment par dessus le navire; on ne pouvait faire avancer les bateaux contre l'ouragan. Un boulet, muni d'une corde, fut lancé au moyen du mortier, et la communication ayant été ainsi établie, le char de sauvetage fut halé jusqu'au navire et du navire au rivage à travers le ressac. La plupart des passagers ont par ce moyen gagné la côte. On débarquait à la fois trois femmes et trois enfants.

« Les 255 passagers furent rendus à terre sains et saufs avant midi, grâce aux bateaux métalliques dont on a fait ensuite usage.

« L'appareil de sauvetage a épargné beaucoup de souffrances à l'équipage et aux passagers. Un grand nombre de personnes lui doivent la vie en cette circonstance.

« Votre etc., W.-A. Ellis. »

Page 91. — SAUVETAGE DES PASSAGERS DU NAVIRE *Georgia*,

« Long Beach, 3 janvier 1853.

« Monsieur, grâce à votre admirable bateau métallique de sauvetage, 290 personnes ont pu être sauvées. Votre bateau étonnait tous ceux qui le voyaient par la manière dont il se comportait en mer. A quelques yards (mètres) du navire, lors du second trajet, de terribles vagues l'assaillirent et le remplirent presque entièrement; mais il ne chavira pas et il ramena ses passagers au rivage. Dans quelques-uns des voyages suivants, il n'embarqua pas une goutte d'eau; tandis que dans d'autres, la mer le couvrait et le remplissait à moitié; mais, plein ou vide, il se montrait à la hauteur de sa mission. On ne fut pas forcé d'avoir recours au char de sauvetage.

« Le bateau métallique n'avait pas encore servi depuis qu'il était ici, néanmoins il était en bon état. A neuf heures, nous avions mis tout le monde à terre.

« *Signé :* Thomas Bond, préposé au sauvetage. »

Page 35. — Le Congrès des États-Unis avait voté une première allocation pour le sauvetage des navires échoués sur la côte, lorsqu'en 1851 une pétition fut présentée par le commerce de New-York pour demander une nouvelle somme de 20,000 dollars, applicable en partie à l'achat de bateaux métalliques de Francis. Cette pétition était signée des noms suivants, entre beaucoup d'autres :

Walter R. Jones, président de la Société de sauvetage; B. Me Evers, Robert G. Goodhue, John D. Jones, Spofford Tilletson et Ce, Moses H. Grinnel, Francis Shiddy, Hugh Maxwell, D.-S. Kennedy, Brown brothers et Ce, Howland et Aspinwall, Boarmann, Johnston et Ce, A.-B. Neilson, Chas, H. Marshall, Robert, B. Minturn.

Page 39.—LE CAPITAINE EDWIN DENNIS, PRÉPOSÉ AU SAUVETAGE.

« Côte du New-Jersey, 8 mai 1852.

« Je me suis servi dans les naufrages des bateaux métalliques, et je suis persuadé que, pour un service pénible, ce sont les meilleurs que l'on puisse rencontrer. Ils sont toujours bien joints et glissent aisément sur les vagues. Je les ai employés pour le navire *Argo*, à Long-Island, et pour le schooner *Splendid*, dont nous avons enlevé la cargaison, consistant en lourds tonneaux d'eau-de-vie et caisses de marchandises sèches, que nous roulions dans le bateau, çà et là, dans tous les sens, sans crainte d'endommager les courbes de charpente ou des têtes de bordages. Les gens du navire prétendaient que nous allions mettre notre bateau en pièces; mais je leur fis observer qu'il était tout en fer et qu'ils pouvaient, sans danger, y jeter les bagages, et que je leur répondais qu'il n'arriverait aucun dommage; que je m'étais déjà servi de ces bateaux et que je savais qu'on ne pouvait les déjoindre.

« J'ai vu sur nos rivages bien des sinistres dans lesquels, si j'avais eu de ces bateaux métalliques, j'aurais pu sauver un grand nombre d'existences. Il arrive souvent, lorsqu'un navire vient échouer sur notre côte, qu'il se brise de suite, et alors il n'est pas possible de mettre en mer un bateau de bois à travers tous les débris flottants hérissés de chevilles et de boulons.

« Je fais grand cas de ces bateaux métalliques et des chars de sauvetage. La meilleure chose que le gouvernement ait jamais faite a été d'en placer le long de nos côtes. L'hiver dernier, un brick vint échouer à Long-Branch, et sans le char de sauvetage et ses accessoires, l'équipage aurait péri.

« Je pense que le gouvernement devrait employer quelque homme capable pour prendre soin des stations de secours, ainsi que des bateaux et de leurs agrès; de sorte qu'après avoir servi dans un naufrage, ils fussent de suite rangés à part et tenus en bon état, ce qui, malheureusement, n'arrive pas toujours. A notre station, tout y est maintenant prêt à servir au premier signal, et il serait à désirer qu'il en fût de même dans toutes les autres. »

« Halifax, 25 décembre 1854.

« L'extrait suivant d'une lettre du gouverneur de Sable-Island, atteste d'une manière frappante l'importance de l'établissement de secours qu'on y a fondé, et tout le prix qu'on doit attacher aux bateaux de sauvetage dont fit présent une dame charitable qui visita l'île pendant l'été de 1853, et le résultat déjà produit ne peut manquer de lui attirer les sentiments de reconnaissance que méritent tant de générosité.

« L'*Arcadie*, beau navire doublé en cuivre, du port de 715 tonneaux, partit d'Anvers, le 26 octobre, en destination pour New-York, ayant à bord, outre son chargement de fer, plomb et marchandises diverses, 147 passagers allemands et un équipage de 21 matelots. Il échoua sur le côté sud-est de la barre nord-est de l'île, le 26 novembre, à cinq heures du soir, par un brouillard épais et un vent violent du sud-sud-ouest.

« Dès que la nouvelle nous parvint, nous partîmes avec le plus grand de nos bateaux de sauvetage, et nous trouvâmes le navire à environ 200 yards (mètres) du rivage, l'avant tourné au sud, fortement engagé dans le sable, ayant au vent la carène entièrement éventée, et le côté sous le vent submergé. Son grand mât et son mât d'artimon étaient brisés à ras du pont, et les vagues frappaient avec violence sur l'avant. Nous rencontrâmes le second et quatre hommes d'équipage, sur la barre où ils avaient débarqué avec un canot du navire, vers lequel ils ne pouvaient plus retourner. Le bateau de sauvetage du système Francis, « *Reliance*, » fut de suite mis en mer, et l'équipage, ferme à son poste et guidé par le second, se dirigea vers le navire naufragé. Après avoir, pendant un temps infini, lutté à la fois contre une houle terrible, de forts courants et des vents contraires, ils réussirent à aborder le bâtiment en détresse, et dans l'après-midi ils y firent six voyages, pendant lesquels ils amenèrent à terre environ quatre-vingts personnes de tout âge. Deux fois, ils tentèrent de nouveau le trajet, mais les avirons et leurs tolets furent brisés par la force des vagues, et ils durent regagner le rivage. Du navire, on essaya d'envoyer un câble à terre, mais le courant était si violent qu'on ne put y réussir. Quand vint la nuit et qu'il nous fallut retirer notre bateau, les malheureux laissés à bord jetèrent des cris à fendre le cœur, des familles avaient été séparées, et quand ceux qui étaient sur le rivage entendirent les cris que les autres poussaient à la vue du bateau qu'on ramenait à terre, il se passa une scène déchirante qu'on peut se figurer mais non décrire ! Je m'éloignai lentement à pied de ce lieu de désespoir, conduisant mon cheval, jusqu'à ce qu'en raison du bruit de la mer, du sifflement des vents et de la distance parcourue, les cris de ces malheureux eussent cessé de frapper mon oreille. Alors, je remontai à cheval, et après avoir aidé à conduire tout le monde vers les habitations et leur avoir fait servir des rafraîchissements, je me rendis avec les conducteurs au quartier général pour amener *le char de sauvetage*, le mortier, le câble, les lignes, etc., laissant l'équipage du bateau à la station de l'Est afin de se refaire et prendre des forces pour le travail du lendemain. Avant le point du jour, nous étions, les conducteurs et moi, à notre station au nord-est de la barre, ayant parcouru à cheval 40 milles pendant la nuit. Heureusement, la mer était moins orageuse, et nous n'eûmes pas besoin d'employer le char de sauvetage. Nous lançâmes le bateau dès que le jour nous permit de manœuvrer, et à dix heures du matin, nous avions débarqué sains et saufs le reste des passagers et de l'équipage. On fit encore quelques voyages jusqu'au navire naufragé, d'où l'on rapporta des effets d'habillement ; mais la mer étant venue à grossir considérablement, nous halâmes notre bateau à terre, et nous conduisîmes aux habitations voisines nos pauvres naufragés, dont quelques-uns étaient presque nus. Enfin, à deux heures après midi, tous étaient en présence d'un bon feu et abondamment pourvus de vivres. Le lendemain matin, le temps était doux et la mer calme, l'équipage du bateau et celui du navire purent aborder le bâtiment et en retirer sept barils de pain, deux barils de farine et une quantité d'effets des passagers ; tandis que plusieurs habitants de l'île transportaient les naufragés de station en station, jusqu'au quartier général, d'autres, avec l'aide de l'équipage du « *Darïng* », arrivé le matin même, conduisirent les passagers jusqu'à ce bâtiment qui, à sept heures du soir, partit pour Halifax, avec quatre-vingt-sept de ces infortunés. Le capitaine Daly installa avec bonté les femmes et les enfants dans la cabine, et fit pour les hommes les meilleures dispositions possibles. Les habitants de l'île nous ont secondés de tous leurs efforts, et l'équipage du bateau est noblement resté ferme à son poste, refusant même l'offre du second de faire donner un coup de main par les hommes de son bord.

« Le bateau métallique de sauvetage de M. Francis « *Reliance* », a fait ce qu'aucun autre bateau ne pouvait faire, et ce que je n'ai jamais vu. Le temps était épouvantable, et cependant, chacun des hommes de l'équipage prit sa place résolument et fit bientôt voir combien il était certain que « *Reliance* » était digne de son nom.

« Je suis sûr que notre généreuse amie Miss Dix se trouvera amplement récompensée d'un si grand bienfait accordé à Sable-Island, quand elle apprendra ce que nous avons déjà accompli avec les moyens qu'elle nous a mis en main, et combien nous, comme tant d'autres, avons à remercier Dieu de ce que ses bonnes œuvres aient été dirigées vers nous. Pour ma part, je ne cesserai de penser à elle avec la plus vive gratitude. »

Page 61. — Le com. C. W. Skinner, chef du bureau des constructions, équipement et réparations au département de la marine, écrivait, le 19 juillet 1850, à un sénateur, du comité de la marine :

« Grand nombre des bâtiments de notre marine ont été munis de bateaux métalliques avec chambres à air, pour franchir les barres dangereuses, pour prendre terre par un ressac violent, ou pour être mis à la mer lorsqu'un homme de l'équipage y est tombé ; en pareil cas, je les regarde comme supérieurs à tous les bateaux qui ont été jusqu'à ce jour mis en usage dans la marine marchande ou dans celle de l'État. L'officier qui commande à New-York assure, dans un rapport adressé à ce bureau, qu'un cutter de cette espèce, ayant vingt-six pieds, est capable, bien que rempli d'eau, de porter à son bord de vingt-cinq à trente hommes. »

Page 54. — CERTIFICAT DE TH. B. KING, PILOTE.

« Je soussigné, certifie que, le 26 avril 1852, le steamer *Yatch* étant venu vers la barre de Brazos, j'essayai de franchir cette barre avec mon bateau pilote, sans pouvoir y parvenir, à cause du manque de brise et de la violence du ressac. Je retournai et fis armer un bateau de sauvetage Francis, avec lequel je franchis la barre, et, l'ayant sondée, j'abordai le steamer et l'amenai au port en sûreté. Aucun autre bateau non ponté n'aurait pu faire ce service, et sans lui le steamer n'aurait pu être rentré. »

Page 56. — EXTRAIT D'UNE LETTRE DU CAPITAINE LAWLESS.

« 12 Août 1852.

« J'ajouterai que le bateau de sauvetage de 20 pieds, que vous avez construit à ma demande, en septembre dernier, pour le vaisseau à vapeur *Meteor*, est le seul bateau de ce navire qui ait échappé, et qu'il est resté aussi bon qu'à sa sortie de votre atelier; tous ses bateaux de bois se sont brisés. Nous avons bien des remerciements à vous faire pour les services que vous rendez à la marine, en construisant vos admirables bateaux, etc. »

Page 39. — LETTRE DE M. R. C. HOLMES, DIRECTEUR DES DOUANES, AU LIEUTENANT JOHN C. M. GOWAN.

« Cap May, 17 novembre 1849.

« Mon cher ami, je reviens à l'instant de la côte de Ludlam, où se trouve naufragé un grand vapeur, l'*Eudora*, de New-York, en destination de la Californie. Connaissant votre désir de savoir comment se comportent les bateaux métalliques de sauvetage, j'éprouve un grand plaisir à vous en informer. J'ai mis aujourd'hui à terre, et sans difficulté, tous les passagers et leurs bagages, malgré un très-fort vent du nord, et quoique la mer brisât avec une grande violence. Mes hommes disaient que *c'était un amusement d'être avec un tel bateau dans les brisants*. C'est la meilleure embarcation que j'aie jamais vue, et qui se comporte le mieux en mer; elle fait vraiment honneur à son inventeur. »

Page 55. — ATTESTATION DES PRÉPOSÉS AU SAUVETAGE.

A M. JOSEPH FRANCIS.

« Sag-Harbour, Long-Island, 14 novembre 1851.

« Les bateaux métalliques de sauvetage et les chars construits par vous et placés par le gouvernement sur les côtes de Long-Island, sont, à notre avis, destinés à rendre d'immenses services en cas de naufrage, et sont bien préférables aux bateaux de sauvetage en bois dont on s'est servi jusqu'ici. Nous avons assisté et nous avons nous-mêmes concouru à la mise à terre des passagers, des bagages, etc., du trois-mâts anglais *Henry* (échoué en vue de Bridgehampton, en juin dernier), et aussi au transport des naufragés et de leurs effets, de la côte jusqu'au vapeur, au moyen des bateaux métalliques stationnés à Bridgehampton à travers des brisants auxquels nul bateau de sauvetage en bois n'aurait pu résister; *le grand canot du bord a été littéralement broyé, dès qu'il fut soumis à l'action des vagues*. Après avoir été jeté à la côte par la violence de la mer, et y être resté plusieurs jours, votre bateau a été très-légèrement endommagé, et toutes les avaries ont pu être réparées en une demi-heure; son échouage, souvent répété, n'avait nullement fait disparaître la galvanisation de son métal. Vos bateaux peuvent donc être vraiment appelés bateaux de sauvetage. »

(Suivent les signatures.)

Page 42. — Selah Strong, chargé du phare de *Fire-Island*, 6 avril 1852. — Compte-rendu du sauvetage des passagers du *Constantine*, par un bateau de sauvetage métallique :

« Dès que j'aperçus le navire naufragé, je fis armer le bateau par six nageurs, et je fus très-heureux d'en avoir trouvé d'habiles, car la mer était terrible, et la plus légère maladresse aurait suffi pour nous perdre. Je me fais un plaisir d'attester que ce bateau manœuvra admirablement, que je le regarde comme supérieur à tout autre bateau de sauvetage au monde, et que cette opinion est répétée ici à haute voix par tous ceux qui ont l'habitude de la mer.

« En 1850, j'abordai la *Minerva*, qui fit naufrage sur Oak-Island. Bien des gens croyaient qu'il nous serait impossible d'arriver jusqu'au navire, à cause de l'extrême violence des lames; et, en vérité, il paraissait impossible qu'aucun bateau pût y résister; néanmoins, le nôtre y réussit au delà de toute espérance. »

Page 43. — EXTRAIT D'UNE LETTRE DE M. BENJAMIN DOWNING, GARDIEN DU PHARE DE EATONS NECK, LONG-ISLAND.

« Le 11 septembre 1850.

« Je vous assure qu'aucune autre personne que mon fils et moi ne quitta la côte dans le bateau métallique de sauvetage du gouvernement, et ne sauva du bâtiment naufragé le nommé John Clarck.

« Le bateau a 25 pieds de long, et monte six avirons. J'y fus seul avec mon fils, *parce que la tempête était si forte que personne ne voulut m'accompagner. Six hommes étaient cependant au même moment sur le rivage.* Vieux comme je le suis, je ne pus rester spectateur passif de la mort d'un homme, tandis que j'avais les moyens de le sauver, et je porte dans le cœur la récompense de ce que j'ai fait. J'ai soixante-six ans, et mon fils seize.

« Si j'eusse été présent avec ce bateau de sauvetage, à l'affreux naufrage de la barque *Élizabeth*, perdue sur Fire-Island le mois dernier, j'ai la vanité de croire que personne n'eût péri.

« J'ai été sur mer toute ma vie, et dans toutes sortes de bâtiments, depuis une yole jusqu'à un soixante-quatorze, et je puis affirmer que je n'aurais pu atteindre le bâtiment naufragé avec n'importe quel autre bateau que j'aie jamais vu. »

N° 1.

Embarcation Giroux,

4 pouces d'eau avec 20 hommes d'équipage

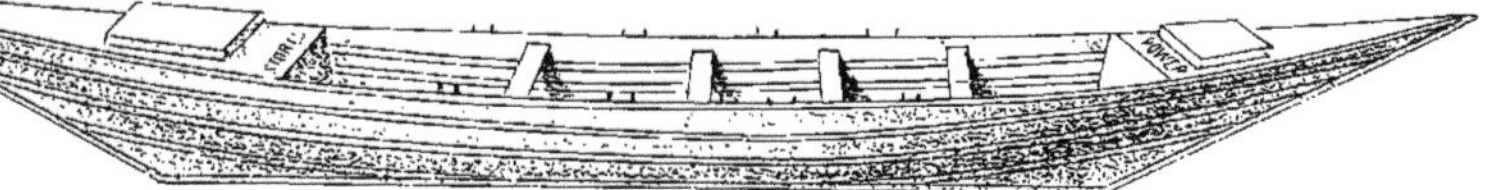

N° 2.

Chaland,

pouvant porter 100 hommes et une pièce d'artillerie

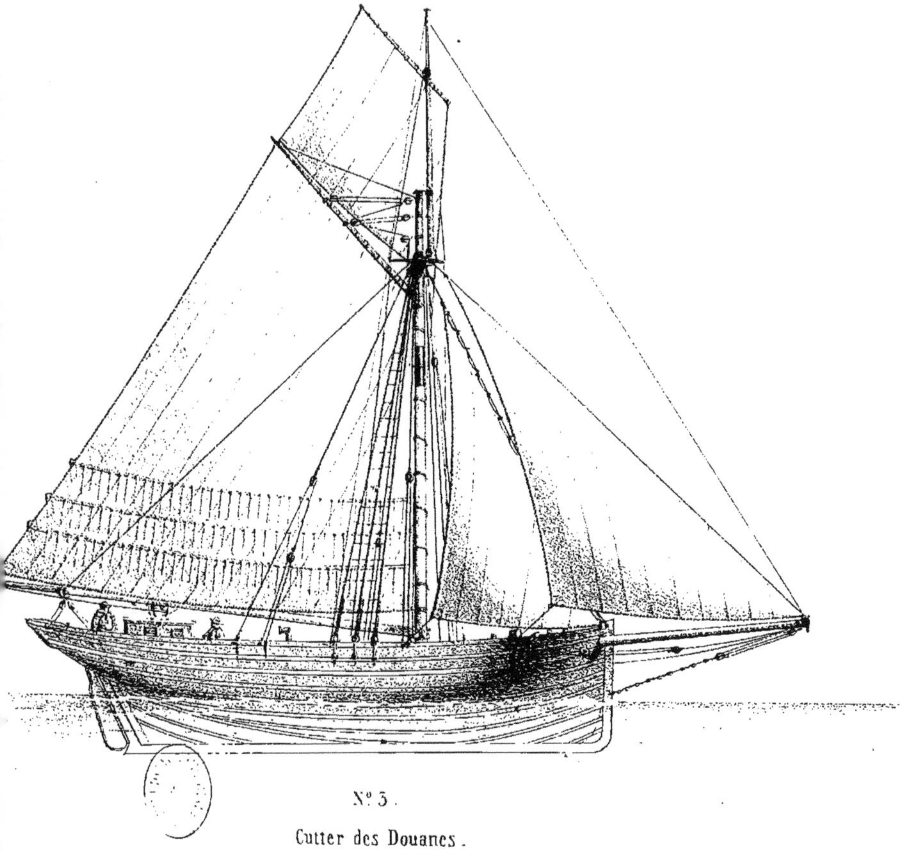

N° 3.

Cutter des Douanes.

Page 37. — EXTRAIT DU RAPPORT DU LIEUTENANT M. BLAIR, AU SECRÉTAIRE DE LA TRÉSORERIE DES ÉTATS-UNIS, ET DU CAPITAINE BACHE, SURINTENDANT, CHARGÉS DE L'INSPECTION ET DU RELEVÉ HYDROGRAPHIQUE DES COTES, AU SUJET DES BATEAUX DE SAUVETAGE FRANCIS.

« Washington, 17 avril 1852.

« ..... Je suis persuadé que l'établissement d'un cordon continu de bateaux de sauvetage qui embrasserait toute l'étendue de nos côtes, rendrait un immense service, en assurant le sauvetage des individus et des marchandises, et serait un complément pour ainsi dire nécessaire, du système des phares, fanaux, balises et autres moyens employés pour la sûreté de la navigation des côtes, adopté par le gouvernement.

« Signé : MAC BLAIR. »

« Washington, 17 avril 1852.

« ..... Je partage entièrement l'opinion exprimée par le lieutenant Mac Blair.

« Signé : A. D. BACHE. »

Il existe en Angleterre une association, ou pour mieux dire une Société de sauvetage, riche et puissante, *Royal national Life Boat institution*, placée sous le patronage immédiat de la Reine, présidée par l'amiral duc de Northumberland, et qui compte parmi les membres de son conseil les noms les plus éminents et les plus recommandables de la marine et de l'armée. Cette institution a son organe ou son journal, le *Life Boat*, dont les jugements en matière d'appareils de sauvetage sont regardés comme souverains.

Or, dans sa dernière livraison du 1er octobre 1856, le *Life Boat* a cru que le moment était venu de donner au bateau et au char de sauvetage métalliques leur dernière consécration, en célébrant leurs qualités et leurs avantages dans deux longs articles, dont va suivre une courte analyse :

Bateau de sauvetage. — Après avoir fait remarquer combien il est étonnant que l'Angleterre, qui surpasse tous les autres pays dans l'art de travailler le fer, se soit laissée prévenir par l'Amérique dans l'heureuse idée de substituer le métal au bois pour la construction des bateaux; après avoir rappelé les conditions que doivent remplir les bateaux de sauvetage, les difficultés que l'emploi du fer devait amener, les longs efforts de M. Francis, les propriétés du fer galvanisé, etc., etc., le *Life Boat* énumère comme il suit leurs avantages :

« 1° Ils sont moins coûteux que les bateaux en bois;

« 2° Ils sont étanches ou parfaitement inaccessibles à l'eau, et restent encore tels dans tous les changements de température et de climats;

« 3° Ils sont beaucoup plus forts et résistants que les bateaux en bois;

ils ne sont nullement exposés à s'entr'ouvrir ou à se briser par un choc violent;

« 4° Ils sont beaucoup plus durables que les bateaux en bois, et, dans les circonstances ordinaires, ils n'ont jamais besoin de réparation;

« 5° Enfin, ils sont incombustibles. »

Le *Life Boat* ajoute : « Ces avantages bien démontrés, les bateaux métalliques devront remplacer partout les bateaux en bois, et leur inventeur sera compté au nombre des grands bienfaiteurs de l'humanité. Combien de malheurs n'aurait-on pas évité, en effet, si les navires eussent été munis d'embarcations douées des qualités qu'on attribue à celles de M. Francis.

« Après toutes les expériences officielles faites à Liverpool et à Woolwich, par les ordres de l'Amirauté, nous ne pouvons douter que notre marine royale et notre marine marchande ne fassent bientôt l'épreuve complète et solennelle des bateaux métalliques. Nous apprenons, en effet, que des mesures ont déjà été prises pour l'établissement, à Londres, d'un atelier de construction pour leur fabrication sur une grande échelle. »

EXTRAIT D'UNE LETTRE D'UN SÉNATEUR DES ÉTATS-UNIS.

« Tous les bâtiments de notre marine en ont un ou plusieurs installés à leur bord, et le secrétaire de la Trésorerie ne permet pas que le service de la douane soit fait par d'autres embarcations que celles-ci, à cause de l'économie et de l'incontestable sécurité qu'elles présentent. »

Le 26 juin 1856, il a été commandé pour la ligne transatlantique Collins, une dernière embarcation métallique pour son magnifique paquebot *Adriatic.*

On lit ce qui suit dans le *Liverpool Times* du 19 août 1856 :

« *Sûreté des passagers.* — Nous voyons que le superbe vaisseau à vapeur *Persia*, qui arrive de New-York, est muni d'un jeu complet des célèbres embarcations métalliques de sauvetage venant de l'atelier Francis, de New-York, et dus à la libéralité des propriétaires de la ligne Cunard. Les autres navires de cette ligne anglaise sont depuis plusieurs années munis de ces bateaux de sauvetage et si on continue à les préférer, c'est à cause des preuves de la grande économie et durée qui résultent de l'emploi continuel qu'on en a fait. Ces bateaux dureront, sans réparations, aussi longtemps que les navires auxquels ils appartiennent, et, comme ils sont à l'épreuve du feu et de l'humidité, on les trouve à tout instant prêts à servir en cas de sinistre. »

Une lettre reçue de New-York annonce que le gouvernement des États-Unis vient, tout récemment, de faire à l'atelier Francis une nouvelle commande de 50 bateaux.

LEBRETON

J. Lebreton del. et lith

Imp. Auguste Bry, r. du Bac, 114 Paris

Baleinière, Système Francis.

EXTRAIT D'UNE LETTRE DE TH. PHIMM, SECRÉTAIRE DE L'AMIRAUTÉ, A J. FRANCIS.

16 Juillet 1856.

« J'ai reçu l'ordre des lords de l'amirauté, de vous informer, en réponse à votre lettre du 14 courant, que les épreuves subies récemment à Woolwich, par vos bateaux métalliques, ont donné les résultats les plus satisfaisants et ont prouvé qu'ils sont beaucoup plus solides que les bateaux de bois. »

Un des lords de l'Amirauté a dit à M. Francis qu'ils avaient toujours acheté leurs embarcations de constructeurs, qu'ils préféreraient continuer à suivre cet usage en ce qui regarde les embarcations métalliques, plutôt que d'acheter le droit de construire, et que l'Amirauté était décidée à s'en munir par l'un ou l'autre de ces moyens.

EDWIN SMITH, CAPITAINE DU BRICK PARANA, BALEINIER.

Sag Harbor, 8 juillet 1856.

« En réponse à votre lettre du 26 juin, par laquelle vous demandez mon opinion sur l'emploi des bateaux métalliques, pour la pêche de la baleine, je m'empresse de vous faire connaître que lors de mon dernier voyage sur le brick *Parana,* j'ai fait usage d'un de ces bateaux métalliques qui a justifié, et bien au delà, tout ce que je pouvais en attendre. Je l'ai employé pour la pêche de la baleine et pour la chasse aux veaux marins et aux pingoins. J'ai pu, avec son aide, débarquer, malgré la houle, au milieu des glaçons et sur des côtes rocheuses où l'emploi des bateaux de bois était impossible. Pendant un voyage de deux ans, et malgré le rude service qu'il eut à faire, il n'a pas donné lieu à la plus légère réparation, et à mon retour ici, selon toute apparence, ce bateau est aussi bon qu'un bateau neuf et va faire un second voyage sur le brick *Parana*. Mon opinion est qu'avant peu, les bateaux métalliques remplaceront ceux en bois, pour la pêche de la baleine et pour les voyages dans les mers du Nord.

« Pour vous montrer à quel point je fais cas de vos bateaux métalliques pour la pêche de la baleine et les voyages dans le Nord, je vous prie de m'en construire deux de 22 pieds, pour le schooner *Susan* que j'équipe en ce port pour la pêche de la baleine, etc.

« Je ne veux, à l'avenir, employer d'autre bateau, car je suis persuadé que deux bateaux métalliques valent six bateaux de bois. »

J.-J. MAHONY, CONSUL DES ÉTATS-UNIS.

« Alger, 30 juillet 1856.

« La mer qui baigne les côtes de Barbarie est infestée de vers d'une nature très-destructive, et j'ai été conduit par cette circonstance à parler à plusieurs personnes de ce pays des immenses avantages que présenterait l'emploi de vos bateaux en fer galvanisé, pour les pêcheurs de corail et autres. Je me trouve dans l'impossibilité de répondre aux nombreuses questions qui me sont journellement adressées à ce sujet, et je me vois forcé de vous écrire pour être renseigné exactement sur la forme et la capacité de ces bateaux, et sur le prix d'achat. Veuillez en même temps me faire savoir s'ils se manœuvrent aussi à la voile, et, dans ce cas, comment ils sont gréés et s'ils peuvent marcher contre le vent. »

EXTRAIT D'UNE LETTRE DE LONDRES DU 3 OCTOBRE 1856,

Rendant compte de la réception d'un bateau métallique qui avait été commandé à l'atelier de M. Francis, à New-York, pour le capitaine Burton, qui est au moment de commencer une expédition d'exploration dans l'Afrique centrale, sous les auspices de la Société Royale géographique d'Angleterre.

« ..... Ce bateau, de vingt pieds de long, est en sept sections, chacune pesant moins de quarante livres, de sorte qu'à la rigueur il pourrait être porté par deux hommes. Ces sections peuvent être réunies en *une* heure, et par *un* seul homme, au moyen de boulons à écrous. Si le capitaine Burton réussit à pénétrer jusqu'au grand lac intérieur que l'on suppose être à cinq cents milles de Zanzibar, ce bateau lui rendra les plus grands services. »

F

F. *Chariot militaire en métal cannelé Système Francis*

F. *Francis' floating metallic military wagon*

Imp Lemercier Paris

A

A. *Char ou hamac de Sauvetage (Longueur 3 mètres)*

A. *Francis metallic life car*

LE CHAR DE SAUVETAGE.

Ce char est une sorte de bateau de cuivre ou de fer, dont la partie supérieure est convexe, avec une ouverture ou porte par laquelle on introduit les passagers qu'il s'agit de transporter. Il peut contenir quatre ou cinq personnes ; quand elles y sont entrées, on ferme la porte ou plutôt le couvercle, avec un verrou, et ce char, suspendu par des anneaux à un câble tendu depuis le vaisseau jusqu'à la terre, est halé vers la côte. Il est certes peu agréable d'être ainsi renfermé à l'étroit et dans l'obscurité, pour être transporté, souvent au milieu de la nuit, à travers une mer tellement houleuse qu'aucun bateau ne peut y tenir ; mais les cas urgents dans lesquels on emploie le char de sauvetage sont de nature à n'admettre ni hésitation, ni retard. L'appareil ne reçoit pas de lumière et n'a aucune ouverture pour l'admission de l'air : il n'en est, du reste, pas besoin, car le volume d'air qu'il renferme peut suffire aux voyageurs pendant un quart d'heure, et il faut rarement plus de deux à trois minutes pour traverser les lames et atteindre le rivage. En outre, on est, dans cette opération, exposé aux plus terribles chocs et secousses de la part des brisants. Ce char, tel qu'on le construisait autrefois, était d'une forme qui forçait les voyageurs de se tenir couchés, et dans une position qui les privait de toute liberté de mouvement ; cette forme a été avantageusement modifiée : les deux extrémités, à la partie qui correspond à la tête des voyageurs, lorsqu'ils sont assis, ont été exhaussées, et l'ouverture ou porte a été placée dans la partie déprimée, au milieu. Cette disposition a été trouvée préférable, comme offrant plus de facilité pour l'introduction des passagers, qui, souvent, sont dans un état d'insensibilité complète, et anéantis par les effets de la peur, des souffrances, du froid ou de la faim. En outre, cet arrangement permet à ceux qui conservent encore quelque force, de prendre dans le char et pendant le transport une position plus commode et plus sûre qu'il n'était possible de le faire avec l'ancien modèle.

Le char, comme on le voit par le dessin, est suspendu au câble au moyen de deux courtes chaînes fixées à ses extrémités, et se terminant à leur partie supérieure par des anneaux, qui, glissant sur le câble, permettent de lui donner un mouvement de translation du navire au rivage, et réciproquement. Dans ces voyages successifs, le char est conduit dans les deux sens, à l'aide de cordes fixées à ses extrémités. Il est d'abord halé vers le bâtiment en détresse par les passagers et l'équipage, puis, quand il a été chargé, il est ramené vers le rivage par les personnes qui y sont assemblées.

Souvent, dans une question de sauvetage par de tels moyens, la partie la plus difficile et la plus importante de l'opération est de faire parvenir le câble destiné à établir une communication entre le navire et la terre. En effet, quand un navire est échoué à la côte, et qu'il voit qu'on se rassemble sur la plage pour lui porter secours, la première chose à faire est toujours d'envoyer une ligne à terre. Du succès des tentatives faites dans ce but, dépendent les espérances des naufragés. Divers moyens sont mis en œuvre par les gens du bâtiment, quand à terre on est dépourvu des appareils nécessaires. D'ordinaire, l'expédient le plus commode est d'attacher une corde mince à une barrique ou à quelque autre objet léger et volumineux que les vagues puissent aisément rejeter sur la plage : on le lance ensuite à la mer, qui, après l'avoir roulé et ballotté çà et là, le pousse enfin vers un point assez rapproché pour qu'un des plus hardis spectateurs puisse le saisir et l'amener à terre. La ligne ainsi apportée est tirée en avant; à son extrémité, l'équipage du navire attache un câble qui, à son tour, est halé sur le rivage.

Ce moyen d'établir une communication entre la terre et le navire en détresse, qui semble aussi simple que sûr, à première vue, est généralement d'une exécution très-difficile et d'un succès fort douteux. Quelquefois, et ceci n'est que trop fréquent, quand les lames battent la côte avec la plus terrible violence, la mer ne peut rien rejeter sur le rivage. Les vagues, dans leur course, semblent passer au-dessous des objets qui flottent à la surface de l'eau ; de sorte que si on jette une barrique, elles glissent par dessous, la laissent où elle est tombée, souvent même elles l'entraînent vers la mer par un mouvement de retour plus violent que celui qui porte vers la côte. Ainsi, le corps inanimé du pauvre marin qui tombe à la mer, n'est pas rejeté sur le rivage; mais, après avoir été pendant quelque temps le jouet des flots autour du vaisseau, il disparaît au milieu de l'écume et des brisants, et est poussé vers la haute mer. Dans de telles circonstances, il est inutile d'essayer d'envoyer une ligne du vaisseau à terre. La barrique chargée de cette commission, vient battre les flancs du navire, ou est poussée çà et là le long du rivage, mais n'approchant jamais assez de la côte pour qu'on puisse se hasarder à l'atteindre.

Pour opérer le sauvetage au moyen de ces chars, des dispositions sont prises pour envoyer le câble de la terre au navire. L'appareil en usage consiste : 1° en un mortier d'un calibre suffisant pour lancer un boulet de six pouces de diamètre; 2° le boulet lui-même, auquel est vissé un petit piton en fer ; 3° une longue ligne dont un bout doit être passé dans le piton du boulet avant de le lancer; et 4° une sorte de claie construite de manière à recevoir la ligne, et à faire fonction de dévidoir. Cette claie consiste en un petit cadre carré, avec un rang de chevilles fixées sur ses quatre côtés. La ligne est disposée sur ces chevilles de telle manière que quand le projectile est lancé, entraînant la corde avec lui, les chevilles laissent échapper la corde avec aussi peu de frottement que possible, pour ne pas affaiblir la vitesse du boulet. Le

B

B. *Appareils pour lancer la corde de communication*
B. *Mortar, firing the shot*

C

C. *Autre moyen d'établir la communication*
C. *Other means of setting a hawser from the wreck to*

mortier doit toujours être pointé de manière à envoyer son projectile par dessus et au delà du navire, de sorte qu'il tombe dans l'eau. La corde qui y est attachée, vient en travers du pont et est saisie par les passagers et l'équipage. Souvent, par suite de l'obscurité de la nuit, de la violence du vent, et aussi de l'agitation et de la confusion qui règnent de part ou d'autre, la première et quelquefois la seconde tentative pour lancer cette corde par dessus le vaisseau peuvent venir à manquer. Cependant on réussit assez généralement à la deuxième ou à la troisième fois, et alors l'extrémité du câble est halée du vaisseau à terre au moyen de la corde que le boulet y a apportée ; puis ce câble étant solidement attaché au navire et fortement tendu, complète le pont au moyen duquel le char fait ses voyages successifs, aller et retour.

EXTRAIT DU JOURNAL DE L'*Association des Arts*, EN ANGLETERRE.

« J'éprouve une vive satisfaction de pouvoir vous adresser un rapport favorable sur l'essai fait aux régates de Yarmouth, le 22 juillet dernier, du char de sauvetage. Une fusée, portant sa corde, a été lancée sur un bateau de sauvetage, à près de 120 yards (mètres) de la côte ; le char, halé le long du câble, a franchi, en flottant, la distance entre la côte et le bateau. Quatre vigoureux bateliers et moi, nous nous sommes enfermés dans son sein, et nous avons été tirés à terre sans être nullement incommodés; plus tard, nous y avons fait entrer jusqu'à dix jeunes garçons et on les a promenés du rivage au bateau, du bateau au rivage ; ils sont restés enfermés pendant trois minutes et demie sans qu'on eût donné accès à l'air frais. La mer était assez calme en ce moment, mais tout le monde comprenait que les avantages du char, sur tous les moyens de transport à ciel ouvert employés jusqu'ici en semblable occasion, auraient été bien plus sensibles encore par une mer houleuse, contre la violence de laquelle les habitants de l'intérieur du char seraient efficacement protégés. Plusieurs des personnes présentes avaient été témoins d'essais tentés avec les appareils ordinairement en usage, des corbeilles, des fauteuils, des bouées, etc., et l'opinion générale était que le char l'emportait sur tous les autres moyens. Il était manœuvré par les gardes-côtes, en présence du capitaine Murray, commandant inspecteur du district de Yarmouth, dont le jugement est conforme au mien sur le mérite très-grand du char, considéré comme moyen d'amener les naufragés du navire échoué au rivage.

« Yarmouth, 9 août 1856. S. WOOD, capitaine. Marine royale. »

CHAR DE SAUVETAGE.

Le *Life Boat* (1), organe d'une institution dont nous avons parlé plus haut, et qui, comme nous l'avons dit, est placée sous le patronage de la Reine, et présidée par l'amiral duc de Northumberland, a porté le jugement suivant sur l'invention de M. Francis :

(1) Voir page 67.

« Un de ces chars a été récemment présenté à cette institution, par M. Jaffray, qui l'a fait venir de New-York. Il est long de dix pieds neuf pouces, large de trois pieds neuf pouces; une partie de l'espace intérieur, vers les extrémités, est occupée par les chambres à air. La forme extérieure est celle d'une arche circulaire parfaite, ce qui lui donne une force de résistance plus grande, et procure un plus grand volume d'air aux personnes renfermées dans l'intérieur. Le char est en tôle de fer galvanisé cannelé; il peut recevoir à la fois quatre ou cinq naufragés et les conduire au rivage, non-seulement sains et saufs, mais encore défendus contre les atteintes de la mer, à ce point qu'ils ne sont pas même mouillés en passant sur des brisants furieux. C'est un avantage énorme, car les appareils de sauvetage employés jusqu'à ce jour au transport des naufragés ne peuvent recevoir qu'une seule personne, exposée à toute la fureur des vagues, et même à être noyée quand on la ramène au rivage par une mer trop violente.

« Le *Life Boat* croit que M. Francis pourrait avec raison appeler son char *Arche de Salut*, parce qu'il rappelle très-bien, sur une échelle infiniment petite, l'arche qui sauva Noé et ses enfants des eaux du déluge universel; il applaudit au brillant triomphe que le char a remporté le jour où il ramena sains et saufs, sur la terre ferme, les deux cent un naufragés de l'*Ayrshire*; au succès qui a couronné le premier essai qui en a été fait aux régates de Yarmouth, et forme enfin le vœu que M. Francis puisse bientôt jouir du plaisir de voir ses *Arches de Salut* placées dans des stations convenablement choisies, sur les côtes de l'Angleterre, comme elles le sont sur celles des États-Unis. »

Page 43.— JOHN MAXEN PRÉPOSÉ AU SAUVETAGE SUR LES COTES DE NEW-JERSEY, A WALTER R. JONES, PRÉSIDENT DE LA CHAMBRE D'ASSURANCES DE NEW-YORK.

« 13 Mars 1850.

« J'ai moi-même dirigé et lancé, à l'aide du mortier, la ligne à bord du navire *le Ayrshire*, le 12 janvier 1850, et au moyen du char métallique de sauvetage, nous avons débarqué sains et saufs tous ses passagers, au nombre de deux cent un, ce qui, à mon avis, n'aurait pu être effectué par aucun autre moyen, la mer étant tellement furieuse qu'aucun bateau non ponté ne pouvait y tenir. La ligne attachée au projectile lancé par le mortier est tombée en travers du pont du bâtiment; l'équipage s'en saisit et y attacha le câble à l'aide duquel le char métallique fit ses voyages successifs du vaisseau à terre et réciproquement, à travers les vagues les plus violentes. Hommes, femmes et enfants, même du plus bas âge, malgré le froid glacial d'une tempête de neige, tous furent débarqués secs et bien portants. Pendant tout le temps qu'a duré cette opération de transbordement, l'officier du Gouvernement qui la surveillait, avait fait attacher d'un côté du char un cylindre de caoutchouc plein d'eau, et de l'autre côté un cylindre de même dimension rempli d'air, pour mettre en évidence la

D

D 201 naufragés sauvés par le moyen du char de sauvetage Francis en Janvier 1850

D Francis' life car saving 201 persons from a wreck in a terrific snow storm Jany 1850

facilité avec laquelle cet appareil fonctionnait, même avec la mauvaise condition de deux poids latéraux aussi inégaux, et pendant une mer des plus orageuses.

«Le navire avait fait côte en face de la station de secours et ces stations sont éloignées entre elles de dix milles. S'il eût échoué entre deux de ces établissements ou seulement à quatre milles de là, plusieurs des passagers que nous avons arrachés aux flots seraient morts de froid, en raison de l'intensité de la tempête de neige qui sévissait alors; mais grâce à nos dispositions, tous furent débarqués sains et saufs ; personne n'eut à souffrir; la maison de la station donna asile aux naufragés qu'attendait un bon feu, préparé par les agents du Gouvernement. Ces bons résultats démontrent la nécessité d'établir ces stations de secours aussi rapprochées que possible.

« J'ai beaucoup d'expérience des naufrages, j'ai assisté à celui du vaisseau *le John Minturn*, et je dis aujourd'hui, avec une ferme conviction qui est partagée par ceux qui, comme moi, assistaient à ces deux sinistres, que si nous eussions eu à notre disposition un mortier et un char métallique de sauvetage, nous aurions sauvé le plus grand nombre, et peut-être tous les passagers de ce navire qui est venu échouer sur cette même côte.

« Le char métallique est encore des plus utiles pour opérer le sauvetage des caisses d'espèces, de bijoux, soieries, et autres colis dont le transport ne peut s'effectuer dans des bateaux non pontés.

« A l'aide du mortier et du char, nous pouvons communiquer avec le vaisseau aussitôt qu'il échoue, sans attendre la fin de la tempête, intervalle pendant lequel le navire pourrait être mis en pièces, et dès lors tout serait perdu.

« Il y a lieu de croire que si ces dispositions sont mises à exécution avec intelligence, il ne restera plus à déplorer que très-peu de sinistres. »

NAUFRAGE DU NAVIRE LE *Cornelius Grinnell*. — A WALTER R. JONES, ESQ., PRÉSIDENT DE L'ASSOCIATION PHILANTHROPIQUE DE SAUVETAGE.

« New-York, 17 janvier 1853.

« Monsieur, j'arrive, à l'instant, de l'endroit où le *Cornelius Grinnell* a échoué dans les sables près de Squam Beach, pendant le coup de vent de N.-E., à trois heures du matin, le 14 de ce mois. Il avait à bord 255 passagers et un équipage d'environ 35 personnes. Dès le point du jour, on aperçut du rivage le navire en détresse. L'appareil de sauvetage de la station, éloignée d'environ trois milles, fut immédiatement apporté. La mer déferlait en ce moment par dessus le navire, et les bateaux ne pouvaient gagner la mer. Un boulet, muni d'une corde, fut lancé à l'aide du mortier, et, la communication étant ainsi établie, le char de sauvetage fut halé jusqu'au navire et du navire au rivage à travers le ressac. C'est par ce moyen que la plupart des passagers ont gagné la côte. On débarquait à la fois trois femmes et trois enfants.

« Les 255 passagers furent rendus à terre sains et saufs avant midi, à l'aide des bateaux métalliques dont on a fait usage.

« L'appareil de sauvetage a épargné beaucoup de souffrances à l'équipage et aux passagers. Un grand nombre de personnes lui doivent la vie en cette circonstance.

« Votre, etc., W.-A. ELLIS. »

LE SECRÉTAIRE DE LA TRÉSORERIE A M. MARSHALL LEFFERTS, TRÉSORIER DE LA SOCIÉTÉ DES BATEAUX DE SAUVETAGE DU SYSTÈME FRANCIS.

« Washington, 23 août 1856.

« Vous êtes autorisé à construire, pour le service de ce département, dix-huit chars de sauvetage en fer galvanisé, système Francis, en outre des dix autres déjà commandés par ma lettre du 26 juin dernier. Les chars qui font l'objet de ces deux lettres doivent être répartis dans les stations de sauvetage, le long des côtes de Long-Island et de New-Jersey, suivant qu'il vous en sera donné connaissance aussitôt qu'ils seront terminés. Dès que vous aurez présenté à ce département le certificat de la livraison aux chefs des diverses stations auxquelles ils sont destinés, il vous sera compté 250 dollars par chaque char de sauvetage, suivant les conditions antérieurement arrêtées. »

NOUVEAUX CHARIOTS MÉTALLIQUES FLOTTANTS.

(Extrait du *London Journal*, qui rend un compte hebdomadaire du progrès des sciences et des arts, traduit par M. l'abbé Moigno, rédacteur du *Cosmos*.

Faire traverser à une armée une grande rivière, ou même un torrent gonflé par les pluies, en face ou non de l'ennemi, a toujours été considéré comme une opération d'une difficulté considérable. C'est une des plus formidables entreprises qu'il faille exécuter en guerre, et le fait d'avoir franchi un cours d'eau d'une certaine importance suffit pour honorer le nom d'un général. Le Rhin, le Douro, le Niémen sont des noms glorieux qui rappellent de semblables opérations. Le passage du corps d'armée commandé par le duc de Wellington, à travers le Douro, dans trois ou quatre barges, sous le feu de l'armée ennemie, est devenu plus célèbre que beaucoup de victoires remportées sur de grands champs de bataille. Le plan ordinairement suivi en pareille circonstance, consiste à construire des ponts flottants, soit avec les bateaux que l'on a pu rencontrer sur la rivière, soit avec des pontons; on cherche aussi les endroits où le lit de la rivière est moins profond, et l'histoire a conservé le souvenir de grands corps de cavalerie qui ont passé à la nage sur une largeur de cent pieds, des cours d'eau rapides. Mais dans les dernières années aucune armée n'est entrée en campagne sans être pourvue de pontons ou larges radeaux, destinés à former des ponts légers et plats sans rampes. Cette méthode est à la fois coûteuse et embarrassante, elle entraîne aussi de grands retards, elle amène souvent des dangers; de sorte qu'il est vraiment extraordinaire que la découverte d'un moyen simple et facile de traverser les rivières, se soit produit seulement de nos jours. Cette découverte est due à M. Joseph Francis, de New-York, qui a fait breveter le chariot métallique flottant, dont nous donnons la description et le dessin. Il faut, avant tout, rappeler que le fer employé dans l'eau est sujet à se rouiller ou à s'oxyder, et que, par conséquent, il faut prendre les précautions nécessaires pour le mettre à l'abri de cette destruction. Aussi, M. Francis a-t-il eu soin de faire galvaniser le fer qu'il emploie, ce qui est un moyen préventif efficace. Une fois, à New-York, il a amarré un bateau de fer galvanisé à une bouée flottante; il l'a chargé assez pour qu'il s'enfonçât dans l'eau du port, et il l'a laissé immergé six mois entiers; pendant la moitié de ce temps il est resté enfoui dans la glace; et cependant, quand on le retira, il était complétement intact et sans corrosion aucune. Le fer dont il se sert est aussi cannelé ou sillonné de plis longitudinaux.

Les chariots métalliques flottants, galvanisés et défendus ainsi de la rouillure, cannelés et devant aux cannelures ou plis une force ou solidité extraordinaire, procureraient un avantage inestimable aux armées en marche. Les pontons ne peuvent servir que sur l'eau, tandis que ces chariots servent à la fois de pontons, de bateaux à rames, de radeaux pour la plus lourde artillerie ; et, unis ensemble, forment des ponts continus pour le transport rapide de tout le *matériel* pesant et des troupes de cavalerie.

La figure la plus rapprochée du pont, dans le dessin ci-joint, représente le chariot libre de tout harnais ou appareil de traction, et employé comme bateau ordinaire à rame ; il peut, au besoin, porter une vingtaine de soldats avec armes et bagages.

A gauche se trouve un radeau puissant formé de quatre caisses, fortement amarrées ensemble, et transportant à travers la rivière une grande pièce d'artillerie de campagne, avec autant de sécurité que si elle était entraînée par six chevaux sur une grande route unie. Cette disposition ou application de l'invention de M. Francis, est peut-être celle qui fait le mieux ressortir les services incontestables qu'elle rendrait à une armée en mouvement, sans cesse arrêtée par les embarras qu'entraîne l'opération délicate du transport de la grosse artillerie d'une rive à l'autre ; embarras qui disparaît complétement avec l'aide de ces chariots.

Un peu plus haut, nous voyons un chariot complet rempli de troupes, entraîné au travers du cours d'eau par quelques soldats placés sur le rivage opposé ; ces hommes, faisait remarquer le major Eyre, qui exposait avec tant de désintéressement et de science, à un auditoire d'officiers anglais, la valeur des inventions de M. Francis, sont parvenus, dès le premier moment, à établir une communication avec la rive opposée, au moyen d'un petit canot formé de deux des auges mangeoires de M. Francis, capables de porter un homme et une corde. Un des chariots équipé, a déjà été halé sur le rivage, avec tout ce qu'il contenait.

Dans les circonstances favorables il ne sera pas nécessaire de s'écarter de la route directe ; il n'y aura pas même d'interruption entre les diverses divisions de l'armée, car on pourra lancer hardiment à l'eau les chevaux attelés aux chariots ; ils nageront sans peine et atteindront le bord opposé. Comme le corps des voitures est complétement étanche, on n'aura pas à redouter que les armes et les munitions transportées soient endommagées ou mises hors de service.

Enfin le lecteur peut remarquer un certain nombre de caisses disposées en séries, en travers de la rivière, et sur lesquelles on passe comme on le ferait sur des pontons. De cette manière une armée entière peut traverser en quelques heures une large rivière, l'infanterie et la cavalerie marchant sur un pont de chariots, l'artillerie de campagne roulant sur ses roues pesantes ; on n'aura plus à transporter sur des chariots ou à dos de mulets des équipages encombrants de pontonniers jusqu'aux bords du fleuve non guéable. S'il s'agit de transport par mer, les chariots dont on enlève les roues se divisent en deux parties qui entrent l'une dans l'autre, et deviennent ainsi légers, portatifs et commodes.

Un homme peut passer une rivière avec une couple d'auges mangeoires arrangées en canot et conduites avec un seul aviron ; quatre

[illegible] MÉTALLIQUE [illegible]

SYSTÈME FRANCIS

corps ou caisses de chariots unis ensemble forment un excellent radeau, capable de porter un des plus lourds canons de l'artillerie. En laissant les attelles attachées, on peut du rivage déplacer sans peine les radeaux sur l'eau, les y faire entrer ou les en faire sortir sans la moindre difficulté ; enfin, en modifiant quelques détails de construction, on peut faire emboîter les portions du radeau les unes dans les autres, de manière à leur faire occuper un très-petit espace, et rendre ainsi leur transport incomparablement plus commode. »

Le *Times* du 3 septembre et le Journal de la Société des arts, donnent le récit suivant :

« Conformément aux ordres transmis par le secrétaire d'Etat au ministre de la guerre, le chariot métallique flottant de M. Francis, qui avait été expérimenté de diverses manières, peu de temps auparavant, dans le bassin extérieur des docks de Woolwich, a été soumis vendredi dernier à des épreuves additionnelles sur le canal de l'arsenal royal. Ces épreuves étaient surveillées, de la part du gouvernement, par le colonel Bainbridge R. E., inspecteur des fortifications ; le capitaine Caffin C. B. directeur général de l'artillerie de marine ; le capitaine Boxer R. A. surintendant du laboratoire de l'arsenal ; le capitaine T. A. Campbell, secrétaire-adjoint du comité de Woolwich ; le capitaine Clarck, R. A. faisant les fonctions de surintendant militaire des ateliers de charronnage ; M. Abel, directeur du laboratoire de chimie de Woolwich. L'inventeur patenté, M. Francis, était présent et conduisait les expériences. La première a consisté à jeter à l'eau le chariot et tout son fourniment, avec l'auge-mangeoire, les harnais et les attelles. Sept hommes entrèrent alors dans le chariot, le firent rouler et balancer en tous sens, mettant tout en œuvre pour le faire chavirer, sans pouvoir même amener le plat-bord au niveau et au contact de l'eau. Des caisses en fer pesant quinze quintaux furent ajoutées au chargement du char, et le portèrent à vingt-un quintaux et demi, sans qu'il menaçât de sombrer. On lui fit alors traverser la rivière à la rame pour s'assurer qu'il naviguait parfaitement, et montrer les avantages dont jouirait une armée, alors qu'il s'agirait de traverser des rivières non-guéables, si elle était munie de ces chariots métalliques, auxquels on peut en outre faire franchir le fleuve sans dételer les chevaux. On fit encore les efforts les plus puissants pour le renverser, mais sans aucun succès. On l'enleva alors de l'eau au moyen d'une grue, et sans lui rien ôter de son chargement ; on le vida, on détacha la caisse ou corps du chariot, et on le lança de nouveau à l'eau pour l'éprouver sous sa nouvelle forme de bateau. Sept hommes montèrent à bord, le nombre des caisses en fer fut augmenté jusqu'à ce que leur poids atteignît vingt-deux quintaux ; on conduisit alors le bateau à la rame ; on le fit rouler, balancer comme la première fois ; on frappa vingt ou trente grands coups sur un même point avec un lourd marteau d'enclume, sans qu'il en résultât aucune avarie pour les rivets ou les joints. On le retira de l'eau, on l'examina avec soin, il n'avait nullement souffert ; on le monta de nouveau sur ses roues, et on le traîna en avant de la butte du polygone. Un artilleur placé à cent yards (mètres) tira alors deux coups avec la carabine Minié contre les parois du chariot ; les balles les traversèrent de part en part. Dans les deux cas il n'y eut pas d'éclats de métal ; les balles avaient fait un trou rond très-net, emportant avec elles la portion de la paroi qui avait fait obstacle à leur passage. Le succès de cette expérience a été considéré comme ayant une très-grande importance ; car, dans un grand nombre de circonstances les éclats de bois détachés des chariots actuels et dispersés, ont causé des dommages considérables. M. Francis monta sur le chariot et ferma les ouvertures des balles avec quelques coups de marteau, laissant visible la place du morceau enlevé par la balle. « Cette réparation peut se faire, dit-il, de la manière la plus simple et par la première personne venue, avec un morceau de métal quelconque et deux ou trois vieux clous. »

EXTRAIT DE LA LETTRE D'UN SÉNATEUR DES ÉTATS-UNIS, A UN DES MINISTRES DE CE GOUVERNEMENT EN EUROPE, AU SUJET DES CHARIOTS MÉTALLIQUES INVENTÉS PAR M. FRANCIS.

« Dorénavant, ce genre de chariots sera le seul en usage dans notre armée. Vous savez quelles rudes épreuves ils ont dû subir dans le transport de charges pesantes à nos postes du nord-ouest ? Ces chariots sont construits de manière à pouvoir traverser les rivières sans que leur chargement soit mouillé ou avarié en quoi que ce soit. Vous savez quelle attention sévère et scrupuleuse le colonel Davis (ministre de la guerre) apporte à l'examen des inventions nouvelles, et que, parmi les hommes compétents, il est, sans contredit, le plus difficile à tromper ? Il s'est cependant montré tellement partisan de ces chariots, que les commandes qu'il en a faites ne pourront être exécutées aussi rapidement qu'il le désire. »

Depuis la date de cette lettre, il y a eu une autre fourniture de cinquante chariots, et les derniers avis reçus annoncent de nouvelles commandes d'une valeur considérable faites à l'atelier Francis, pour l'armée des États-Unis.

Une lettre de Londres, du 4 octobre, annonce officiellement, de la part de lord Panmure, à M. Francis, que ses chariots métalliques sont adoptés pour l'usage de l'armée anglaise ; une autre lettre du 9 octobre invite M. Francis à se rendre sans délai à Londres, pour la rédaction d'un contrat, des instructions ayant été données à cet effet, avec l'approbation des lords-commissaires de la Trésorerie.

Paris. — Imp. de L. TINTERLIN et Ce, rue N^e-des-Bons-Enfants, 3.

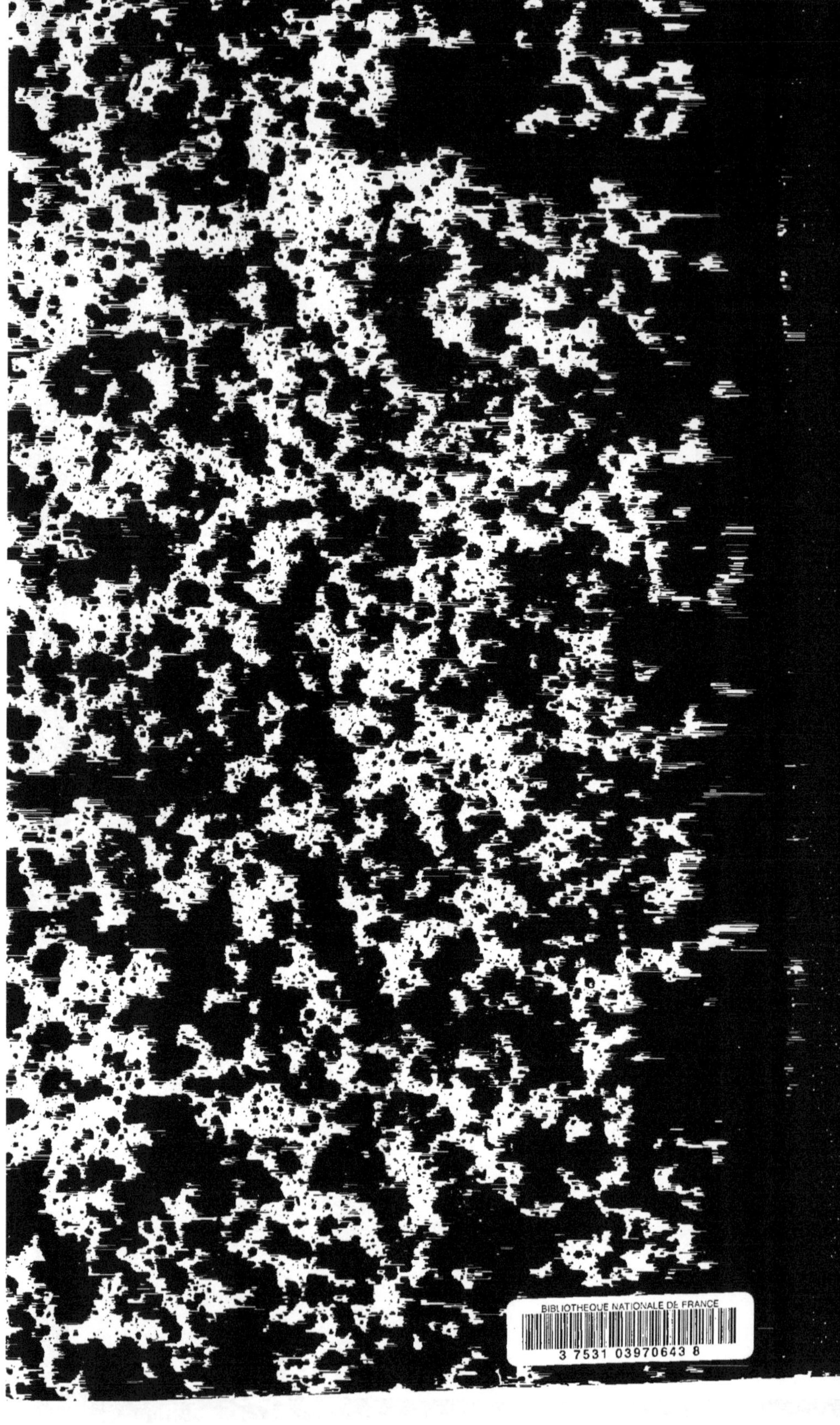

www.ingramcontent.com/pod-product-compliance
Ingram Content Group UK Ltd.
Pitfield, Milton Keynes, MK11 3LW, UK
UKHW020200200726
13856UKWH00003B/1108